MINERVA現代経営学叢書㊷

現代企業と持続可能なマネジメント

―― 環境経営とCSRの統合理論の構築 ――

八 木 俊 輔 著

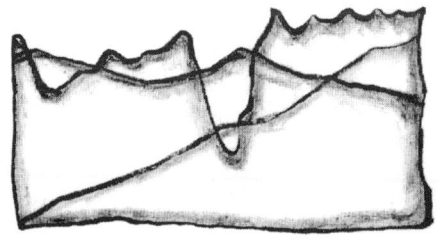

ミネルヴァ書房

はしがき

　21世紀を読み解くキーワードの1つは、持続可能性である。近年、現代企業の直面する新たなコンテクストでもある持続可能性とそれを巡る企業経営のあり方が注目されている。ゴーイング・コンサーンとしての企業は、利益の維持・向上を目指すことは当然であるが、現代企業には自然環境や社会への配慮といった多様なステイクホルダーを視野に入れ、企業価値の向上を目指す持続可能なマネジメントの展開が重要となってきている。企業が自然環境や社会への対応を誤れば、企業の規模を問わず、市場からの淘汰を余儀なくされ、死活問題にも発展しかねない。

　もとより、現代企業はグローバル競争下で熾烈な経営環境に晒されており、いかに企業価値を向上させ、持続可能な競争優位性を確立でき得るかが、企業の命運を左右する分水嶺となる。

　こうした状況下で、例えば、自動車・家電・住宅等に代表される業界では「環境」への取り組みが経営戦略上、極めて重要となってきている。また、「ネクスト・マーケット」(Prahalad(2010))とも呼ばれるBOPビジネスへの参入を試みる企業も欧米はじめ日本でも現れている。ソーシャルビジネスとしてのBOPビジネスには、今後の拡大が予見され、CSRビジネスの新たな展開が期待されている。このように、グローバルなメガ・コンペティションに晒されている現代企業は、「環境」への取り組みやBOPビジネスに経営戦略の焦点を定め、活路を見出そうとする事例も多くみられるようになってきた。Kim and Mauborgne(2005)は、既存市場でライバル他社との熾烈な競争が展開される「レッド・オーシャン(血の海)」ではなく、新たな市場開拓といった未知なる領域への参入を目指す「ブルー・オーシャン戦略」の重要性を唱えているが、

現代企業のこうした取り組みは、環境ビジネスや BOP ビジネスに「ブルー・オーシャン」を見出そうとする企業の経営戦略の証左ともいえよう。

　新たな市場としての「環境」や CSR 分野への取り組みは、企業にとっての「機会」となるが、一方、既述したように、環境問題や CSR 分野における「リスク」対応を誤ると、企業の死活問題に発展することは企業による不祥事の様々な事例が物語っている。今後は、企業が、経済・環境・社会のトリプル・ボトムラインを追求し、持続可能な企業経営を実現するための持続可能なマネジメントを如何に展開でき得るかが鍵となろう。そして、持続可能なマネジメントを展開することで、企業価値の向上へと繋げ、競争優位性を確立できるメカニズムの解明が重要となってくる。現代企業を巡る自然環境、社会との関わり方が注視され、持続可能な企業経営のあり方が論議されるようになってきたのである。

　経営学における既存のマネジメント研究でも企業と経営環境に関する研究蓄積も多いが、従来の研究の主たる分析対象は競争環境、市場環境、技術環境等であり、自然環境や社会は分析対象から捨象されてきた。然るに、今日、企業の自然環境や社会への対応が注視され、トータル概念としての持続可能性への対応のあり方、つまり持続可能なマネジメントのあり方が論議される中、経営学の事実負荷性を考慮するなら、既存のマネジメント論の再構築が問われることとなる。特に 1990 年代以降、環境経営や CSR 分野の研究も深化していくが、それらを統合した現代企業の持続可能なマネジメントの新たな体系的理論の解明と構築が必要となってきた。ポスト・コンティンジェンシー理論として多彩に展開する現代マネジメント論は、現代企業の直面する今日的課題に応えるために再構築が必要となり、このことは現代経営学にとっての重要な課題となってきたといえよう。

　こうした問題意識に基づき、本書は、経営学分野における既存のマネジメント研究を踏まえた上で、現代マネジメントの新潮流としての環境マネジメント、CSR マネジメントを巡る理論的・実践的成果を検証し、現代企業の直面する

はしがき

諸課題に照らしつつ、今後の企業経営のあり方を展望し、持続可能なマネジメントの体系的理論の構築を試みるものである。

なお、本書は京都大学大学院に提出した博士学位請求論文「持続可能なマネジメントの体系に関する研究——環境経営とCSRの統合理論の構築を目指して」(2010)を基に、加筆・修正したものである。

もとより、本書は、数多くの先行研究やこれまで筆者が多くの先生方から受けた学恩に負っているものである。特に、今回、博士学位請求論文の審査を務めて頂いた、主査の新山陽子京都大学大学院教授、副査の末原達郎京都大学大学院教授、副査の小田滋晃京都大学大学院教授の諸先生には論文作成過程で大変有益なコメントを頂いた。厚くお礼を申し上げたい。特に、新山陽子先生には筆者の京都大学の学部、大学院時代以来、今日に至るまで、親身にご指導・ご鞭撻頂き、大変お世話になっている。心より感謝申し上げる。学会関係でも、環境経営学会会長の山本良一東京大学名誉教授、同副会長の鈴木幸毅東京富士大学大学院教授をはじめ、諸学会の多くの先生方のご指導・ご鞭撻を頂き、お世話になっている。心より感謝申し上げる。又、現在の本務校である神戸国際大学の前田次郎理事長、八代智学院長、遠藤雅己学長、下田繁則経済学部学部長をはじめ、先生方、皆様にも何かとお世話になっている。厚くお礼を申し上げる。なお、本書の刊行にあたり神戸国際大学学術研究会より出版助成を受けた。ここに記して謝意を表したい。

他にも、筆者はこれまで、学生時代から今日に至るまで、京都大学関係の先生方をはじめ、諸学会の先生方、企業関係者の方々、行政関係の方々等、多くの方々のご指導・ご鞭撻を頂いてきた。すべての方々のお名前を挙げさせて頂くことはできないが、この場をお借りして皆様に心よりお礼申し上げたい。本書はまだまだ拙い研究成果であるが、皆様から頂いた多くの学恩、御恩に少しでも応えられるように微力ながら、今後も研究の深化・発展に一層精進したい。

又、本書の出版にご尽力頂いた、ミネルヴァ書房の戸田隆之氏、堀川健太郎

氏、堺由美子氏にも大変お世話になった。厚くお礼を申し上げる。

　最後に、いつも暖かく筆者の研究活動を見守り、励ましてくれている、家族にも心より感謝の意を表したい。

2010 年 11 月

八木　俊輔

現代企業と持続可能なマネジメント
―― 環境経営と CSR の統合理論の構築 ――

目　次

はしがき

序　章　問題意識と課題……………………………………………… i
　　1　問題意識 ………………………………………………………… i
　　2　課　　題 ………………………………………………………… 2
　　3　本書の特徴
　　　　──持続可能なマネジメントの体系に関する先行研究の示唆 ………… 3
　　4　本書の内容構成 ………………………………………………… 7

第Ⅰ部　マネジメントの展開と新潮流〈理論編〉

第1章　マネジメントの展開──組織と環境を巡る研究の展開………… 11
　　1　W. R. スコットの組織モデルの類型化 ……………………… 11
　　2　クローズド・ラショナル・システム・モデルの検討
　　　　──(環境→)組織→人間 …………………………………………… 13
　　3　クローズド・ナチュラル・システム・モデルの検討
　　　　──(環境→)組織←人間 …………………………………………… 16
　　4　オープン・ラショナル・システム・モデルの検討
　　　　──環境→組織→人間 ……………………………………………… 21
　　5　オープン・ナチュラル・システム・モデルの検討
　　　　──環境←組織←人間 ……………………………………………… 29
　　6　むすび
　　　　──今後の展望と環境・CSR・持続可能なマネジメント論の位置づけ … 36

第2章　環境経営を巡る理論と規格…………………………………… 43
　　1　環境経営に関する理論 ………………………………………… 43

2　環境経営に関する ISO 規格 …………………………… 48
　　3　環境経営に関する国内規格
　　　　——エコステージ、エコアクション 21、KES ……………… 61
　　4　むすび ……………………………………………………… 64

第3章　CSR を巡る理論と規格 …………………………… 67
　　1　CSR に関する理論 ……………………………………… 67
　　2　CSR に関する主要な原則・規格・ガイドライン ……… 82
　　3　むすび ……………………………………………………… 90

第Ⅱ部　現代企業の課題と持続可能なマネジメントの体系〈実践編〉

第4章　企業を取り巻く新たな状況と現代企業の課題 ……… 95
　　1　企業を取り巻く新たな状況 ……………………………… 95
　　2　現代企業の課題 ………………………………………… 121
　　3　むすび …………………………………………………… 126

第5章　持続可能性とマネジメントのあり方 ……………… 129
　　1　持続可能性とは——企業が直面する新たなコンテクスト …… 129
　　2　GRI ガイドライン ……………………………………… 131
　　3　環境報告書と環境報告ガイドライン ………………… 135
　　4　サステナビリティ統合マネジメントのあり方
　　　　——SIGMA ガイドラインが示唆するもの ……………… 141
　　5　むすび …………………………………………………… 148

第6章　持続可能なマネジメントの体系と展開……………………151
    1　現代企業の直面するサステナビリティ課題と
        ステイクホルダーの特定………………………………………151
    2　持続可能なマネジメントとは…………………………………155
    3　持続可能なマネジメントの体系と展開………………………158
    4　むすび……………………………………………………………181

終　章　要約・結論・展望………………………………………………183
    1　各章の要約………………………………………………………184
    2　結　　論──研究成果…………………………………………204
    3　今後の展望──残された課題…………………………………209

引用・参考文献……213
索　　引……231

序　章
問題意識と課題

1　問題意識

　近年、企業と社会・自然環境との関わりがクローズアップされている。企業の経営戦略策定上影響を与え得る経営環境としては、マクロ環境としての政治環境、経済環境、社会環境、自然環境、さらにタスク環境としての競争環境、市場環境、技術環境等が挙げられるが、従来は主に競争環境、市場環境、技術環境に関する環境分析が重要視されてきた。だが、現代企業の現場や現代経営学では、社会的存在ひいては地球市民の一員としての企業のあり方への関心の高まりとともに、社会環境や自然環境と企業の関わりへの関心が高まってきている。社会経済的コンテクストとの相互関連の中でパラダイム転換を遂げていく社会科学としての経営学理論の事実負荷性という特性を考慮するなら、こうした新たな社会経済的コンテクストの下、企業と環境を把握する新たなパラダイムないし理論的枠組み、包括的な理論体系が切実に求められているといえよう。
　既存の経営・組織研究においても、1960年以降、企業を取り巻く市場環境の不確実性の深化とともに企業の直面する課題も組織の内部効率の達成から外部環境への適応へと移行する中で登場し、一世を風靡したオープン・ラショナル・システム(open-rational system)・モデルとしてのコンティンジェンシー理論やオープン・ナチュラル・システム(open-natural system)・モデルとしてのポ

スト・コンティンジェンシー理論の一翼を担う経営戦略論や組織間関係論において組織と環境を巡る研究が進められていった。オープン・システム観に立脚したコンティンジェンシー理論や経営戦略論によりはじめて企業の内部・外部環境の問題に目が向けられるようになった。その意味では、経営・組織研究における画期的なパラダイム転換だったといえる。もっとも、こうした研究の分析対象は主に競争環境や市場環境や技術環境であったが、現代企業が社会環境や自然環境との適切な対応を問われていることに鑑みると、多面的経営環境との共生を模索することが現代企業の課題であり、ひいては現代企業の行動原理の解明に努める現代経営学の課題なのである。企業の社会性・環境性といった問題はこれまでも一部の企業論の研究の中で論じられてきたものの、社会環境や自然環境への対応をとかくドロップさせてきた既存の経営管理研究に対し、新たにこうした対応を既存のマネジメント体系に組み込むことで経営管理論を再構成すれば、経営学の中核をなす経営管理論に新たな生命を吹き込み新たな地平を拓くこととなろう。ポスト・コンティンジェンシー理論として多彩に展開する現代マネジメント論ないし現代経営学は、現代企業の直面する今日的課題に応えるために再構築されねばならない。

2　課　題

　現代企業を取り巻く状況の変化を受け、環境対応、CSR対応のあり方が議論されるようになり、環境マネジメント、CSRマネジメントの重要性が認識されるようになってきた。さらには企業の直面する新たなコンテクストとしてのトータル概念としての持続可能性への対応としての持続可能なマネジメントのあり方が議論され、その体系的理論の構築が必要となってきた。本書は、現代企業を巡るこうした新たな動きを受け、環境経営ないし環境マネジメント、CSR経営ないしCSRマネジメントのあり方を探ることを通じて、マネジメントの新潮流である持続可能なマネジメントのあり方を展望するものである。

環境経営、CSRを巡る研究は経営学分野での新しい学問分野だが、最近では多くの研究成果が発表されている。経営学、経営工学、会計学、企業倫理学、経営コンサルタント等により理論的深化・発展がなされてきた。また、実践面でもこの分野に関わる多くの規格・ガイドラインの開発がなされ整備されてきた。各学問分野によるピースミール・エンジニアリング的アプローチは学問の進化に不可欠であることは言うまでもないが、一方で各学問分野の特性から、例えば経営学の理論的研究にはマネジメントの実践性への希薄性が、経営工学的・会計学的研究には経営学的理論バックグラウンドの希薄性、企業倫理学的研究にはマネジメント的視点の希薄性、経営コンサルタントによる研究には経営理論の歴史的視点の希薄性が窺えることも否定できない。環境経営、CSRを巡る研究は従来、それぞれの分野でなされてきた嫌いがあるが、トータル概念としての持続可能性へのマネジメント対応の適否が企業の命運を左右する状況下で、環境マネジメント、CSRマネジメントの拡大・発展・統合形態としての持続可能なマネジメントの体系を提示することが現代経営学の重要な課題となりつつある。そこで、本書ではこうした認識を踏まえ、マネジメントの新潮流を巡る理論的・実践的成果を体系的に検証する中で、今後の企業のあり方を探り、持続可能なマネジメントとしてのサステナビリティ統合マネジメントの体系を提示することを研究課題とする。持続可能なマネジメントに関する包括的ガイドラインであるSIGMAガイドライン、持続可能性報告書のガイドラインとしてデファクト・スタンダードともなっているGRIガイドラインもあるが、多くの企業の現場では持続可能なマネジメントの展開に関してはなお模索が続いているのが実情である。本書はその理論構築へ向けてのささやかな一接近である。

3　本書の特徴
――持続可能なマネジメントの体系に関する先行研究の示唆――

　持続可能性は、1987年の国連の「環境と開発に関する世界委員会」(通称

「ブルントラント委員会」)の報告書 *Our Common Future* で人口に膾炙して以来、当初、地球環境の持続可能性という観点から論じられていたが、2000年前後からは、様々な国際的議論の中で、環境的持続可能性のみならず、経済的・社会的持続可能性を付加した包括的概念として発展してきた。企業経営の分野でも、Elkington(1997)が社会・経済・環境のトリプル・ボトムラインの展開こそが21世紀の企業経営の目指すべき方向であると提唱し、さらにGRIガイドラインがこのトリプル・ボトムラインという考えを持続可能性(サステナビリティ)とほぼ同義語として捉えたことにより、持続可能性は新たな概念、重要なキーワードとして注目され、浸透していくこととなった。このように、今や、企業経営の現場でも、トータル概念としての持続可能性に如何に対応するかが重要な経営課題となってきているが、持続可能なマネジメントという考え自体、経営学の歴史の中では新しい概念である。その意味でも、持続可能なマネジメントの体系的理論構築は緒についたばかりともいえる。

持続可能なマネジメントに関する問題は経営学でも新しい研究分野であるが、主に環境経営・マネジメント研究、CSR経営・マネジメント研究の中で論じられてきた。以下、環境経営とCSRの分野における、体系化を企図したマネジメント研究の代表的研究成果を取り上げ、先行研究の意義と限界を検証する中で、本書の特徴ないし分析視角を析出することにしたい。

環境経営学分野で体系化を企図した主な研究成果としては、例えば鈴木(2002)、天野他編著(2004)、高橋・鈴木編(2005)、國部他(2007)、鈴木・所編著(2008)、Russo, ed.(2008)等がある。特に2000年以降、研究の精緻化による環境経営学の体系化が進められ、それぞれ示唆に富むものが多いが、こうした環境経営学的研究成果の特徴は以下のように要約できよう。つまり、ISO14001、ISO14000ファミリーの普及・浸透もあり、2000年前後より環境経営学の体系的研究が発展してきた、環境マネジメントシステムの体系化に関する研究が蓄積されてきた、環境経営の史的研究が進展してきたこと、環境保全活動と全体的管理との関わりを明確化した、環境会計と情報開示に関する理論を体系化し

た、環境戦略論をはじめ、環境コミュニケーション・環境教育・環境金融論を展開した、さらに最近ではCSRへの関心の高まり、統合システム化の動きも相俟って、CSR経営理論への拡大・進化を模索する動きも見られ、統合的理論フレームワークの提示の必要性が窺える、ということである。確かに、環境経営に関してはISO14001ないしISO14000ファミリーの企業の現場での普及・浸透もあり、PDCAサイクルによるマネジメントシステムの構築・運用、支援ツールの整備とともに、環境経営システムの体系化が急速に整備される中で、学問としての環境経営学の体系的構築も2000年以降、急速に進展してきた。ただ、今後、企業が実際に環境経営からCSR経営へ、さらにその拡大・発展・統合的形態としての持続可能な経営システムの構築を目指す中で、環境経営・マネジメントとCSR経営・マネジメントの統合理論としての持続可能な経営・マネジメントに関する理論構築が必要となってきた。

一方、CSR研究分野では、第**3**章で詳述するが、企業倫理的研究、CSP研究、ステイクホルダー・マネジメントに関する研究等の示唆に富む研究成果も多いが、2000年以降、CSRに関する体系的研究も深化してきた。経営学のマネジメント的視点からの大きな特徴としては、最近の一部の研究を除き、企業倫理的研究を始め、既存の研究ではマネジメントの内実に迫るような、マネジメント・プロセスという分析視角からの研究がこれまで比較的希薄であったということである。CSR経営を展開するにはCSRマネジメントが鍵となるが、そのマネジメントの適否を左右するのがマネジメント・プロセスであることを考慮すると、マネジメント・プロセスの体系を適切に提示することが重要となる。本書では、この点に注目したい。

日本でもこれまでとかく希薄であったこの分野に、近年、特に大学研究者のみならず、シンクタンク系の研究者、経営コンサルタント、実務家を中心とする研究が発表されている。例えば、谷本編著(2004)、古室他編著(2005)、伊吹(2005)、倍編著(2009)、海野(2009)、拓殖大学政経学部編(2009)等である。これらの研究は、特に実際に企業でのCSRマネジメントシステム構築に至るプロ

セスを解説した実用性の高いものが多く、マネジメントシステム構築をはじめ、参考にできるものも多い。

さらに、最近ではサステナビリティ、トリプル・ボトムラインをキー概念にした研究も進んでいる。Elkington(1997)によるトリプル・ボトムラインの提唱を受け、研究及び実践面での深化が行われてきた。例えば、Laszlo(2003)、Henriques and Richardson, eds.(2004)、Savitz(2006)等がある。特にSavitz(2006)は、従来のCSR論が社会が受ける恩恵にウェイトを置いてきたとし、企業が受ける恩恵に焦点を当て、持続可能な企業とは事業収益を生み出しながら、環境や社会に恩恵をもたらし長期的発展を実現できる企業と捉え、豊富なケーススタディからサステナビリティ経営の実践プランを紹介しており、興味深い。

以上、見てきたように、各分野からの既存の研究成果は高く評価できるものが多く、本書もこうした先行研究の多くの成果を参考にさせて頂いている。ただ、本書ではこうした研究成果を踏まえつつも、先行研究の意義と限界を踏まえ、持続可能なマネジメントの体系化を展望する上では、以下のような分析視角が必要となると認識している。つまり、マネジメント研究の歴史を踏まえ、環境マネジメント論、CSRマネジメント論、持続可能なマネジメント論の経営学史的な位置づけを明確にすること、理論研究と規格面の両方からのアプローチが必要であること、環境対応やCSR対応のトータル概念としての持続可能性への対処という視点からのマネジメント体系の提示を試みること、マネジメント・プロセス的アプローチを重視すること、持続可能なマネジメントを巡る概念整理を行うこと、経営活動全体の中での持続可能なマネジメントの位置づけを明確にすること、戦略的視点の導入を図ること、持続可能なマネジメントとコーポレート・ガバナンスとの関連を明確にすること等の分析視角である。

以上の先行研究の示唆する視座に基づき、本書では、歴史的なマネジメント研究を踏まえた上で、SIGMAガイドライン、GRIガイドライン等の既存のガイドラインや規格にも配慮しつつ、環境経営やCSRに関わるマネジメントの

新潮流を巡る理論的・実践的成果を体系的に検証する中で、今後の企業のあり方を探り、持続可能なマネジメントの体系を試論的に提示したい。

つまり、本書の特徴ないし分析視角は、組織と環境を巡るマネジメント研究の歴史を踏まえ、環境マネジメント論、CSRマネジメント論、持続可能なマネジメント論を経営学史的に位置づけること、環境経営とCSRを巡る理論研究と規格の整備状況の今日的到達点の整理と検討を行うこと、理論と実践の双方向からのアプローチ、環境経営研究とCSR経営研究の統合理論の提示、環境マネジメントとCSRマネジメントの拡大・発展・統合概念としての持続可能なマネジメントに関する概念整理、マネジメント・プロセスによる理論的枠組み等の持続可能なマネジメントの体系と展開を、現代企業の課題に照らしつつ提示することである。

4　本書の内容構成

本書の内容構成と論旨の流れは、以下のようになる(図序−1)。まず第Ⅰ部「マネジメントの展開と新潮流」はいわば理論編として、第**1**章「マネジメントの展開」で既存のマネジメント研究が組織と環境の問題を如何に把握してきたかを歴史的パースペクティブの中で考察し、今後の研究の方向性を明確にした上で、環境マネジメント論、CSRマネジメント論、持続可能なマネジメント論の経営学史的な位置づけを行う。第**2**章「環境経営を巡る理論と規格」では環境経営を巡る理論研究と規格の整備状況を検証する。第**3**章「CSRを巡る理論と規格」ではCSRを巡る理論展開と規格の整備状況を検証する。次に、第Ⅱ部「現代企業の課題と持続可能なマネジメントの体系」はいわば実践編として、第**4**章「企業を取り巻く新たな状況と現代企業の課題」では環境・CSRを巡る新たな状況と現代企業の課題に関し論及する。第**5**章「持続可能性とマネジメントのあり方」ではトータル概念としての持続可能性とそれに対応するためのマネジメントのあり方を検討する。以上の考察を受け、第**6**章「持続可

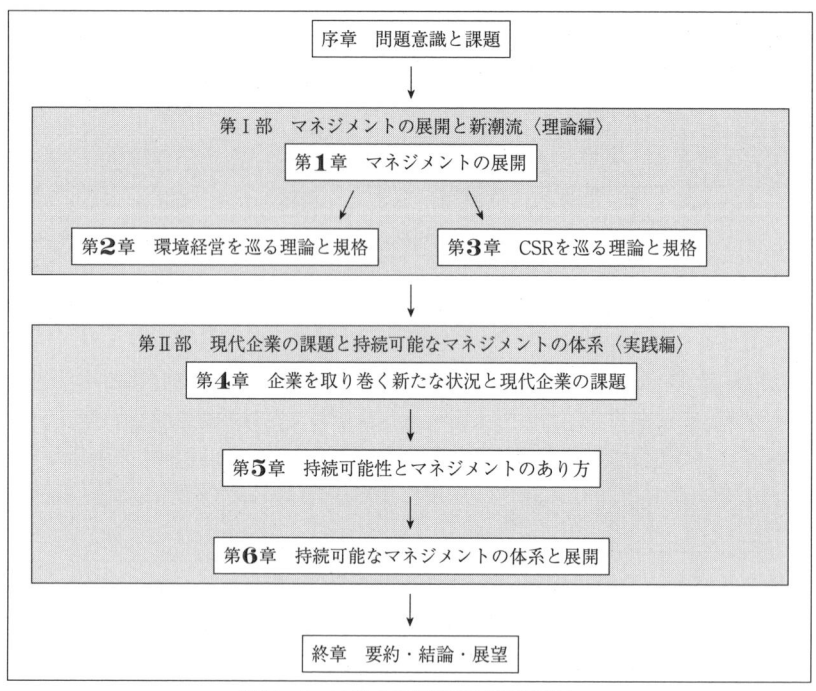

図序-1　本書の内容構成と論旨の流れ

能なマネジメントの体系と展開」で持続可能なマネジメントとしてのサステナビリティ統合マネジメントの体系を提示した上で、持続可能なマネジメントの展開上、重要となるポイントに関し論及する。最後に、終章において各章の考察を要約した上で、結論ないし研究成果を述べ、今後の研究課題を展望する。

第 I 部
マネジメントの展開と新潮流〈理論編〉

第1章
マネジメントの展開
──組織と環境を巡る研究の展開──

　組織体である企業が存続・発展していくには、自らを取り巻く与件としての環境変化に機敏に適応・対応していかねばならない。その意味で、企業の経営成果は自らの環境適応・対応の成否に大きく左右されるのであり、組織と環境という視座が重要となる。この問題に経営学は如何に対峙してきたのであろうか。

　本章では Scott(2003)の4つの組織モデルの類型化に依拠し、組織と環境を巡るマネジメント研究の展開過程を検討した上で、今後の研究の方向性を展望し、さらに環境マネジメント論、CSR マネジメント論、持続可能なマネジメント論の経営学史的な位置づけを行う。

1　W.R.スコットの組織モデルの類型化

　かつて、Koontz(1961)、Koontz(1980)は当時のアメリカ経営学界の経営管理研究の現状を management theory jungle と表現し、諸学派の乱立に遺憾の意を表明し、自らの拠って立つ管理過程学派により諸学派を統合する統一理論の必要性を強く論じた。クーンツ(H. Koontz)の主張のように従来の経営・組織研究は諸学派の乱立による百花斉放・百家争鳴の状況といえる。通常、コンティンジェンシー理論の登場までの組織論の発展類型は、①伝統的(古典的)組織論(科学的管理法、官僚制組織論等)、②人間関係論または新古典理論、③近代組織論、に分けられるが、組織と環境という視角を鮮明に描出するために、これま

での組織モデルの類型化については Scott(2003)に従うことにする。

Scott(2003)は以下の4つの組織モデルを提示する。[2]

① クローズド・ラショナル・システム(closed-rational system)・モデル (1900～)
② クローズド・ナチュラル・システム(closed-natural system)・モデル(1930～)
③ オープン・ラショナル・システム(open-rational system)・モデル(1960～)
④ オープン・ナチュラル・システム(open-natural system)・モデル(1970～)

スコット(W. R. Scott)は合理的モデルと自然体系モデル、closed system アプローチと open system アプローチの2軸に沿って分類している。各モデルを検討する前に、まず合理的モデル、自然体系モデルの特徴を、岸田(1985)に基づき確認しておきたい。[3]

合理的モデルは組織を一種の機械と見立てるモデルだが、その特徴は以下の諸点である。

「第1に、組織の特定の目標を効率的に達成するために慎重に作られた合理的な道具であり、操作可能な部分からなる構造である。第2に、組織行動は、この構造を通じて意識的・合理的に統制される。第3に、組織パターンの変化は組織の効率という目標を達成するための手段である。第4に、組織における意思決定は、公認された手続きと知識を用いて、状況を合理的に検討した上で行われる。第5に、組織の長期的な発展は慎重な計画と目標によって導かれる」。

一方、組織を一種の生物有機体と見立てる自然体系モデルの特徴は以下の諸点である。

「第1は、組織は有機的に関連する諸部分から構成される全体であり、組織構成員の計画とはかかわりなく、組織それ自体が生存への欲求をもつ。従って、第2に、組織構造は計画的・合理的に作られるものではなく、自然発生的に生

じるものである。第3に、組織にとっての問題は効率や合理性ではなく生存であり、均衡が攪乱された時にそれが回復されるに至る自己安定化メカニズムが重要である。それゆえ第4に、組織パターンの変化は、均衡の破壊に対する無意識的・適応的反応の結果である。第5に、組織の長期的な発展は計画によって導かれるのではなく、自然法則に従う進化である」。

2 クローズド・ラショナル・システム・モデルの検討
――(環境→)組織→人間――

このモデルに属する学派は、科学的管理論(F. W. Taylor, F. Gilbreth, H. Emerson, H. Towne 等)、管理過程論(H. Fayol, L. Guilick, L. F. Urwick, R. C. Davis, W. H. Newman, H. Koontz, C. O'Donnell 等)、官僚制理論(M. Weber, R. K. Merton, A. W. Gouldner 等)である。

このモデルでは、一般に組織の効率が問題とされ、課業はルーティン化され、すべての資源は利用可能で所与の目標の下で基本計画が一義的に決定され、すべての結果は予測可能と前提されている。そして、不確実性は排除され、組織は概念的に自己完結的な確定化したシステムとして把握される。ここでは、個人行動ではなく構造自体の合理性が強調され"organizations without people"が問題とされる。[4]

closed-rational system モデルはその前提・特徴からも明らかなように、経営を取り巻く環境は問題とされず環境の不確実性も排除されており、従って環境と経営との相互作用という視角も生まれてこない。環境が極めて安定的で組織の直面する主たる課題が技術的合理性の追求だけにある場合は有効なアプローチといえるが、環境変化の激しい現代企業の環境対応に向けての戦略策定プロセスのメカニズムの解明には分析アプローチとして限界がある。組織の直面する環境如何によりモデルの有効性は規定される。以下、このモデルに属する学派について検討する。

Taylor(1903)、Taylor(1911)を嚆矢とする科学的管理論は、従来はカンや経

第Ⅰ部　マネジメントの展開と新潮流〈理論編〉

験に頼っていた管理(成り行き管理)を合理的な規則、手続きにより科学的に行うべきであるとする。その内容としては、差別的出来高給、計画部の制度、職能式職長制度、動作研究、時間研究等が挙げられる。科学的管理法の意義は、科学的方法により客観的な内容を持つ作業標準の設定及び標準理念の確立、時間・動作研究といった能率向上に繋がる具体的管理手法の考案・提唱、経営管理職能の専門化の方向の明示、管理活動と作業活動との分離の必要性の提唱、大量生産システムに道を拓きフォードシステムとして結実したこと等である。一方、その限界ないし問題点は、科学的管理法の対象をあくまで作業現場に限定し人間を機械視したことだが、合理性原理に基づき非合理性への配慮が多分に欠落していたことが後に人間関係学派の登場に繋がることとなる。もっとも、Taylor(1911)では「労使双方の精神革命論」が唱えられ、テイラー(F.W. Taylor)の主張は一変して非合理性を強調するものになっていくことを看過してならない。

　科学的管理論が分析レベルとして作業現場の合理性に焦点を当てているのに対し、フランスのファヨール(H. Fayol)を嚆矢とする管理過程論・管理原則論は組織構造全体及び生産・人事・調達など専門化された単位間での構造的諸関係に注意を払っている。管理過程学派の学祖といわれるファヨールは「管理」とは「企業の全般的活動計画を作成し社会体を組織し努力を調整し諸行為を調和せしめる責務」として、その内容を予測・組織・命令・調整・統制の5要素(5)で把握した。これらの管理要素がどのような順序で実行されるのかについて彼自身は特に論及していないが、後世の学者が彼の記述をそのまま時系列の上に位置づけ管理機能をこれらの要素を段階的に辿って実施していく循環過程と見做すようになった。そして、こうした理論構成の特徴が管理過程論と名づけられる由来となった。ファヨールの管理に臨む合理主義的態度はテイラーと共通しているが、テイラーが生産現場の作業管理の問題に関心を持ち生涯取り組んだのに対し、ファヨールの特質すべき業績は業務組織全体の管理という問題に真正面から取り組んだ点に見出せよう。もっとも、この点は両者の職歴の相違

による関心の違いが大きく左右しているともいえる。テイラーは現場の技師として生産現場レベルの作業効率の向上・管理を分析し、この分野に多大な貢献を果たすが、一方でこのことが後年、企業組織全体に関わる総合管理を看過し、アメリカ経営学の発展を妨げたとまで批判されることともなる。他方、ファヨールは当時のフランスの大企業であったコマントリ・フルシャンボー鉱業会社で1888年から1918年まで社長を務めた専門経営者であり、採鉱技術の改革、高性能工場への集中、従業員の育成等で手腕を発揮し、会社を再建させた名経営者であった。社長としての経験が、管理とは何か、会社組織全体の管理への関心に繋がり、14の管理原則を唱えている。ファヨールの管理論は実務経験に裏づけられ説得力もあり、プラグマティズムの強いアメリカでは戦後翻訳されると一世を風靡し、管理過程学派が形成されアメリカ経営学の主流を担っていくこととなる。ファヨール以後、経営管理機能の内容は研究者により様々に示されるが、一般には計画(plan)—執行(do)—統制(see)として把握されるマネジメント・サイクルが提唱され、経営過程論いわば職能論的経営管理論として総合的内容を有し展開されていく。一方で、こうした管理過程論はマネジメント・サイクルをうまく回すための管理技術学に終始した哲学の欠如を批判されることともなる。

　管理過程論の限界は、別名経営原則論という名が示唆するように、あまりにも経営管理というものを普遍化・一般化し過ぎたために露呈する。つまり、組織のルーティン的な課業の技術的合理性を追求するレベルでは有効でも、経営環境の不確実性・複雑性に直面する現代企業の組織変革のための創造性や革新性を高めるためのノン・ルーティン的な戦略対応には自ずから限界がある。[6]

　最後に、このモデルには科学的管理論、管理過程論の他に、官僚制理論が含まれるが、その嚆矢たるウェーバー(M. Weber)は官僚制が近代社会における最も合理的な管理機構と考えていたが、ウェーバー以後の研究者であるマートン(R. K. Merton)、グルドナー(A. W. Gouldner)は官僚制の機能的側面だけでなく逆機能的側面をも分析している。こうした研究も概して組織内部志向的なもので

ある。[7]

3　クローズド・ナチュラル・システム・モデルの検討
——（環境→）組織←人間——

　1930年代に入り、テイラー科学的管理法的な人間への機械論的工学的アプローチへのアンチテーゼとして、テイラーの経済的一面的人間観への反省が起こり、人間認識の深化ないし人間観の変化が起こる。Gouldner(1959)、Scott(2003)の文脈からいえば、合理的モデルから自然体系モデルへの転換であるが、その背景としては、環境がより動的になったこと、産業企業や自治体のような高い構造化の組織からサービス組織や専門組織のような構造化の低い組織へと分析対象が変わったこと、課業関連的な行動だけでなく参加者のより広い行動が問題とされるに至ったこと等である[8]。

　このモデルに属する学派は、人間関係論(E. G. Mayo, F. J. Roethlisberger 等)、人的資源アプローチ(R. Likert, C. Argyris, D. McGregor, F. Herzberg 等)、社会システム論(P. Selznick, A. W. Gouldner, P. M. Blau, T. Parsons, C. I. Barnard 等)である[9]。

　この closed-natural system モデルは、非公式で非合理的なプロセスの力が公式の組織構造を形成すると捉え、組織において多様な目標・動機を持った成員の行動を強調する。つまり、人間行動の結果として組織が生じると把握し環境の影響は認められるものの環境からの攪乱に対する組織内部のホメオスタティックな均衡の維持が焦点となる。このモデルは、合理的モデルとは違い、構造より参加者の性格が重視され、その意味で "people without organizations" という性格を有する[10]。以下、各学派に関し検討する。

　まず、人間関係論はメイヨー(E. G. Mayo)、レスリスバーガー(F. J. Roethlisberger)等のハーバード・グループの1924～1932年のアメリカ・シカゴのウェスタン・エレクトリック社のホーソン工場における一連の実験を通じて形成された。人間関係論は、組織にはフォーマル組織とインフォーマル組織があるが、実際の働きにおいて中心をなすのは能率や費用の論理に従う合理的な前者

ではなくて、心情・心理に従う非論理的な後者と捉える。このように、人間関係論はインフォーマル組織を重視して、人間の感情という非合理的な要素を経営目的達成のためには不可欠とした。非合理性の重視は、逆に合理性には配慮しないという欠点を併せ持つわけだが、「インフォーマル組織の発見は当然のことながら経営学や社会学に大きな影響を及ぼすことになった[11]」。

　ハーバード・グループの展開した人間関係論は「依存的な人間」仮説による余りにも受容的な人間関係論であったが、やがてレヴィン(K. Lewin)等のグループダイナミクス、さらには Maslow(1954)の欲求階層論による自己実現欲求の重要性を説く「自己実現人」観を背景に持つ行動科学が1950年代に登場し、人間関係論を包摂しながら分析対象・視点を拡大させていく。ミシガン学派の Likert(1961)は、統計的分析を用いた実証研究で仕事中心的監督と従業員中心的監督では民主的な従業員中心的監督の方が生産性に好影響を与えることを発見し、組織システムとしては相互協力的従業員参加型のシステム4の重要性を説いた。そして、「連結ピン」の概念に基づく重複集団型の組織モデルを考案した。Argyris(1957)は、人間の潜在能力の活動を訴え「依存的な人間」仮説より「自立的な人間」仮説を鮮明に打ち出し、職務拡大や参加的リーダーシップにより個人と組織の統合を図る混合モデルを提示し、組織開発の必要性を唱えた。さらに、伝統的組織論が立脚する命令統制的な受動的消極的人間観によるX理論より、従業員の高次欲求充足に力点を置く能動的積極的人間観によるY理論による組織作りの必要性を説いた McGregor(1960)(尚、アージリス(C. Argyris)、マグレガー(D. McGregor)はラボラトリー・トレーニングを重視する MIT グループに属する)、衛生要因(満たされないと不満だが、満たされてもやる気が出るわけではない不満要因)と動機づけ要因(その満足が職務上のやる気に繋がる促進要因)を峻別した Herzberg, et al. (1959)が行動科学的研究を展開していく。特にピッツバーグ学派の祖ハーズバーグ(F. Herzberg)は、動機づけ要因の肝要さを説き、職務内容を充実させる職務充実を実現するような職務設計を主張したが、彼の研究の意義は、科学的管理法的なエンジニアリング・アプローチの重視する物

第Ⅰ部　マネジメントの展開と新潮流〈理論編〉

理的経済的条件はやる気に繋がらないと断定し、人間関係論の主張する監督者のあり方や対人関係も衛生要因に過ぎないと述べ、仕事そのもの、責任、達成などを動機づけ要因としたことである。こうして、行動科学は人間関係論同様、科学的管理法的なエンジニアリング・アプローチに対立しつつも、人間関係論と峻別することでそのアイデンティティを確立していくのである[12]。

　いずれにせよ、こうした人間関係論的研究は経営管理における人間心理という非合理的要素を最初に考慮した研究として画期的であったが、逆に合理的要素をほとんど問題にせず事実無視しているといえる。これでは現実の意味合いは持ち得ないし、しかもより重要なことは合理的要素と非合理的要素が絡み合い展開される現実の経営管理機能の分析にはおのずから限界を有すると言わざるを得ない。また、分析レベルがあくまで集団レベルであり、組織レベルでの組織対応に関する分析ツールとしては限界がある。激変する経営環境への対応が問われる現代企業の経営管理分析には、組織と環境との相互作用の分析、有効に環境対応を図るための経営戦略・経営管理・組織構造・組織過程の多元的な相互関係の分析が不可欠ともいえよう。

　人間関係論的研究はこのように集団レベルの人間の達成欲求に焦点を当てるが、このモデルに属する社会システム論は社会レベルでの環境の要求に焦点を当てる[13]。そして、この両者を誘因と貢献という形で組織内部で均衡する態様に論及したのがBarnard(1938)であり、彼は機械的合理性を重視する科学的管理法と非合理的な人間性を重視する人間関係論の統合を組織レベルで企図したといえる。

　バーナード(C. I. Barnard)は経営過程として管理を把握するだけでは理論的に不十分として、新しい管理理論を提唱する。そして、組織を意思決定システムとみなす意思決定論的組織論としてのバーナード理論はSimon(1947)、March and Simon(1958)等が継承し発展させていくが、これが近代組織論の中核となっていく。

　「バーナードは組織のエッセンスは、調整と意思決定の過程にあると考え、

その動的な動きの中に組織・管理の姿を捉えようとした。この場合彼は、同時代に活躍したメイヨーなどと違ってインフォーマル・グループよりフォーマルな組織に組織分析の焦点を置いた」といわれる。また、バーナード理論は「全体主義と個人主義、決定論と自由意志論の対立とその統合」を特徴としており、彼の真の意図は組織と個人の統合によるマネジメントであり、個人と協働の同時的発展であった。

　Barnard(1938)は4部から成り、前半(第1、2部)は人間論、協働論の構築による予備的考察を行い、それを踏まえ後半(第3、4部)では本格的な組織論、管理論が展開され、組織論的管理論の体系が提示され、公式組織における管理者の職能と活動方法に論及し、経営者の役割が述べられる。バーナードの基本的問題意識は個人主義と全体主義の統合であり、真の管理の課題は正にそこにあると考える。こうした管理の課題を解明し得る管理論を記述するには、それ相応の本格的な組織論を構築することが必要で重要と彼は考える。かくして、彼の考察は管理→組織→協働→人間へと深められ、Barnard(1938)では人間の理論を基調とした協働(システム)理論、組織理論、そして管理理論として全体的かつ統合的に展開されることになる。

　Barnard(1938)で個人とは「過去及び現在の物的・生物的・社会的要因である無数の力や物を具体化する単一の、独特な、独立の、孤立した全体」(p.13)であり、協働システムとは「少なくとも一つ以上の明確な目的のために二人以上の人々が協働することによって特殊の体系的関係にある物的、生物的、個人的、社会的構成要素の複合体」(p.67)であり、組織とは「意識的に調整された人間の活動や諸力の体系」(p.75)である。つまり、協働システムの具体的規定要因(物的、社会的、個人的要因)を捨象して、一面的に昇華して得られるものが組織であり、協働システムを有効に研究するために概念操作により導出された高度に抽象的な概念構成、理念型といえる。

　こうした組織の成立には、各構成員の活動を方向づける共通目的、組織活動への貢献意欲、そして構成員の活動を調整するためのコミュニケーション、の

第Ⅰ部　マネジメントの展開と新潮流〈理論編〉

3つの構成要素が不可欠となる。そして、この3要素からなる組織の存続には、共通目的の達成度を示し外部環境に対し如何に効果的な手段を選択し得るかの能力に関係する有効性(effectiveness)と、成員に適切な誘因を与えその貢献を確保し得る可能性を示す能率(efficiency)が条件となる。つまり、有効性は組織の環境への適応問題、いわば対外均衡の問題、能率は対内均衡問題と考えられよう。

「管理者の職能とは、このような組織を維持・存続させることであり、上述の3要素の獲得を促進し、有効性と能率の達成を容易にすることである。すなわち、管理者は組織と環境との間の調整を行うことによって目的を決定する。……Barnardのいう組織とは……協働行為という進行中のプロセスである。変化する環境の中で、組織の目的(有効性)と個人の欲求(能率)を何らかの方法で両立させてこのプロセスの進行を維持すること、すなわち組織の存続を図ることが経営者の役割である。いわば、市場における需要と供給を調整する価格メカニズム("見えざる手")の役割を、組織内で貢献と誘因をバランスさせるという形で行うのが、経営者("見える手")である[17]」。

こうしたバーナード理論の意義について、組織分析のために新たな視点を設け組織動態論へと導くものだったこと、組織の本質を示し組織分析にシステム思考を導入したこと、「人間の集まり」は組織ではなく「人々の目的に向けての活動している状態」に焦点を当て組織概念を進化させたこと、組織と個人との関係で有効性と能率、誘因と貢献というバランスの問題を取り上げたこと、権限理論でも見られるように行動科学的研究の先駆的研究で、経営者のリーダーシップ論、経営者の倫理、ゼネラル・マネジメントの役割等、経営管理に新たな内容を付け加えたこと、新たな組織理論の構築に伴い、意思決定、コミュニケーション、モティベーション等の新しい概念を導入したこと、組織と個人、全体主義と個人主義、決定論と自由意思論等の対立する諸事象をシステム理論により統合しようとしたこと等が挙げられる[18]。特にバーナード理論の内包する現代性として、例えば八木(1999)は、動態的組織論、環境と戦略、価値観・非

論理的側面への配慮、権限論、管理責任論ないしリーダーシップ論、全体主義と個人主義の調和を通じての人間性の回復に着目し、バーナード理論の現代企業へのインプリケーションを考察した[19]。

バーナード理論の限界については、諸々の文献で既に取り上げられているが[20]、ここでは以下の点を確認しておく。組織概念が抽象的であるため組織編成論としては限界があること、企業の組織論ではなく一般理論と考えられること、権限受容説は社会通念として受け入れがたいこと、組織には構造論も必要で人間行動には組織文化も作用するという視点の欠落、組織の資金や情報を如何に捉えるか、資源を効率的に配分し組織の存続・成長を図る組織的活動について明らかでないこと、である[21]。

確かに、バーナード理論は高度な抽象性のため経営学の実践性から鑑みると、オペレーショナルな次元での理論的解決を提示し得ていないともいえる。だが、バーナードの提示した組織の動態的側面は今日的にも評価できるし、また組織の環境適応に関し「協働システムの内外の環境変化に対する組織の適応過程は、実質的に管理過程として展開され、したがってその専門機関は管理者と管理組織ということになる。組織の適応能力は管理の質に依存する[22]」と指摘されるように、彼は環境を明示的に取り上げ、それと管理との関係に論及していることは注目できる[23]。バーナードはこの点で closed-natural system モデルの論者の中でも異彩を放っているといえよう。また、各管理職能の関連性を重視している点も興味深く、参考にすべき諸点が内包されていると思われる[24]。

4 オープン・ラショナル・システム・モデルの検討
―― 環境→組織→人間 ――

1960年代になると、企業経営の当面する課題は、組織の内部効率の達成から外部環境への適応に移行していく。そうした中で、closed-rational system モデル、closed-natural system モデルでは、社会システム論の部分的展開を除き、組織と環境という視座は明確ではない。行動科学的組織論までの組織・管

理論は closed system に基づき、あらゆる環境下に当てはまる最善の普遍的組織化の方法を探究してきたが、組織の直面するそれぞれの状況が異なれば有効な組織化の方法も異なると唱えたのが、open-rational system モデルに属するコンティンジェンシー理論(状況適応理論、条件適応理論、条件理論)である[25]。

　先に見た合理的モデルでは環境は無視し得るものとして扱われていたし、自然体系モデルでは環境の影響を考慮し、その意味で一定程度の open system アプローチをとっているともいえなくもないが、先述したようにそこでは均衡回復への傾向を示すホメオスタシス的適応が扱われているに過ぎず、それは組織と環境の相互作用を見て、経営戦略・経営管理・経営組織の相互関連性及びそれらの基本的変革をも視野に入れる真の open system アプローチとは言えず、closed system アプローチの域を出ていないと言わざるを得ない。そこで、1940年以来 open system アプローチを取り入れ、それぞれの対場から合理的モデルと自然体系モデルを統合しようという動きが起こった。それは、サイモン(H. A. Simon)を始祖とするカーネギー学派の意思決定論とイギリスのタヴィストック研究所を中心に展開された社会—技術システム論(例えば、Emery and Trist(1960))であった。両学派は、合理的モデルと自然体系モデルとの統合を目指したが、結局、カーネギー学派の意思決定論は open な自然体系モデルへ、タヴィストック研究所の社会—技術システム論は open な合理的モデルへと、それぞれ移行していった[26]。

　こうして、環境適応理論は、その直接的淵源を社会—技術システム論として、従来の組織論が、組織の置かれた環境に関係なく、あらゆる環境に共通して有効な管理原則の確立に心血を注いできたことに対し、こうした普遍主義を排して「どこの組織にも当てはまるようなマネジメントの one best way は存在しない。従って、組織の形態も用いる技術や文化背景に適合するものを選ばなければならない[27]」という立場を取ることで管理原則学派に批判の矢を放った。環境適応理論は、Lawrence and Lorsch(1967)により「Contingency Theory」と名付けられ、環境との関連で組織構造自体を問題とし、複雑な組織現象の解明

を目指す新たな研究動向として組織論の分野に台頭し、1960年前後以降の経営・組織理論の統合理論を目指す1つの方向として一世を風靡することとなる。

研究動向は、Woodward(1958)、Burns and Stalker(1961)、Woodward(1965)等を先駆的研究とし、その後 Lawrence and Lorsch(1967)、Thompson(1967)、Perrow(1967)、さらに情報プロセシング・モデルによる Galbraith(1972)、Galbraith(1973)へと展開し、わが国では情報プロセシング・パラダイムに基づく野中(1974)、加護野(1980)に結実していった。

環境適応理論は、それまでの普遍理論とは対照的に、個別具体的特殊理論と普遍理論の中間にあるという意味で、Merton(1957)の中範囲理論と一致した特性を帯びている。局所的経験事実を説明する個別具体的特殊理論は、いわば理論の放棄であり、普遍理論は普遍一般的であるが故に現場への適用という実践性には限界がある。また、環境適応理論は、状況変数(環境、技術、規模等)、組織変数(組織構造等)、成果変数(組織活動の結果生じる売上高や利益等)という3つの固有変数をもち、状況変数と組織変数の適合関係が組織成果を規定するという基本的なフレームワークに基づき展開される。そして、こうした変数の取り方如何により多様に展開され得る。環境適応理論では、この3つの変数間の関係を適合性という概念により捉える。つまり、例えば環境・技術・規模の特性と組織構造との間に適合関係が認められれば、組織は好業績をあげられ、逆に不適合性が認められれば低業績に悩むということになる。

こうした原則的に多様に発展可能な環境適応理論だが、従来の個人・集団の動機づけを焦点とするミクロ組織論に代わり、組織全体を分析単位とするマクロ組織論が誕生したと理解できる。1960年代に台頭してきたコンティンジェンシー・セオリストたちは組織を分析単位とし、組織が環境に open system として対応する時、どのような構造及び行動パターンを示すのか、環境に対する最適組織構造とは何かについての研究を開始したのである。状況変数としての技術と組織変数としての組織構造との関係の理論化を試み、技術学派のコンティンジェンシー理論と呼ばれる研究が、環境条件としての技術と組織構造の

関係を研究し、「技術が組織構造を規定する」という有名な命題をイギリスのエセックスの 100 の組織の実証研究から導出しサウス・エセックス研究として知られる Woodward(1965)、組織と環境、組織と技術の間に一定の適合関係が成立する理由について初期段階で最も体系的に説明を試みた Thompson(1967)、ほぼ同時期に技術と組織構造の適合関係を分析する理論的枠組みを示した Perrow(1967)である。また、状況変数としての環境あるいは市場と組織変数としての組織構造との関係の理論化を志向し、環境学派のコンティンジェンシー理論と呼ばれる研究が、イギリスの主にエレクトロニクス企業 15 社の事例研究より、組織構造を、組織が高度に構造化され集権的で官僚制的な機械的システムと組織構造がルーズで分権的で非官僚制的な有機的システムに分け、前者は安定的環境条件に適合し、後者は不安定的環境条件に適合することを示した Burns and Stalker(1961)、組織の分化及び統合パターンと環境特性との関係の研究から、不確実性の高い環境に有効に適応している組織はその構造の分化も統合の程度も高いことを発見し、官僚制や古典的管理論のような組織構造の普遍妥当な原則など存在しないとして、コンティンジェンシー理論という名前を普及させた Lawrence and Lorsch(1967)、Thompson(1967)と Perrow(1967)が示唆した不確実性適応という視点をより一層展開し、情報あるいは情報プロセシングの負荷に注目しながら組織と環境との適合関係の説明を試みた Galbraith(1972)、Galbraith(1973)である。その他にも、組織構造の差異を体系的に説明する状況変数として、技術よりも規模を重視したのが、ピュー(D. S. Pugh)を中心とするアストン・グループである。

以上のように、組織と環境を巡る分析視点は多様性に富むが、わが国における代表的な研究成果としては、Thompson(1967)、Perrow(1967)、Galbraith(1972)、Galbraith(1973)の流れを汲み情報処理パラダイムに基づく野中(1974)、さらにポスト・コンティンジェンシー理論と位置づけられる統合的環境適応理論としての研究成果としては野中他(1978)、加護野(1980)、加護野他(1983)等がある。

野中(1974)は、情報プロセシング・パラダイムに基づき、アメリカ企業の実証研究を通じて市場と組織構造(集権—分権)との関係を分析した。従来のコンティンジェンシー理論では、いずれも理論モデルの構造が曖昧で、組織—環境関係がなぜ特定の対応関係を示すのかについての説明力が希薄なため事実発見型の類型論に留まっていると批判し、Thompson(1967)、Perrow(1967)、Galbraith(1972)、Galbraith(1973)に示唆を受け、組織—市場関係の理論モデルの構築を研究の主眼に置く。市場—組織構造関係に情報意思決定の負荷という媒介変数を導入し、市場→情報意思決定の負荷→組織構造という情報プロセシング・モデルを提示し、なぜ市場が組織構造に影響を及ぼすかの説明を試みる。こうした意図から、野中(1974)の環境インディケーターは多くの組織—市場関係の研究の中でも、特に精巧・精緻なもので、市場を異質性と不安定性の2次元で概念化する市場測定手段として評価できる。この研究の基本的仮説は、組織は市場の不安定性削減に対応するための情報プロセシング構造を発展させることにより、その環境に最適に適応する、という命題である。この命題を展開するためのキー概念がサイバネティックスでいう「最小有効多様性の原則」(経営環境の多様性(情報処理負荷)に対応するには経営組織も経営環境の多様性に匹敵するだけの組織の多様性(情報処理能力)を内部に構築しなければならない)である。そして、この理論を構成する概念の操作化は、Lazarsfeld学派の方法論によりなされ、組織変数とコンティンジェンシー変数の関係が示される。[33]

この研究の主たる意義は、組織—市場関係の特定の関係を説明する理論的フレームワークの構築と精緻な市場測定手段の開発であるが、以下の点が残された課題となった。つまり、この研究では、企業の環境適応手段としての経営戦略という媒介変数を吸収した形で、組織—市場関係の分析がなされていくが、組織の環境への主体的な働きかけである経営戦略の分析への取り込みの欠落があった。野中らはその後、さらに統合的コンティンジェンシー・モデルの提示を通じて、いわばポスト・コンティンジェンシー理論を構築していく(例えば、野中他(1978)、加護野(1980)、加護野他(1983))。

第Ⅰ部　マネジメントの展開と新潮流〈理論編〉

　野中他(1978)は、まず、従来のコンティンジェンシー理論の問題として以下の点を挙げる。「第一は、組織の環境適合を考えるにあたっては組織構造だけでなく、組織過程や個人属性をも含めた組織内現象全体の環境適合を考えなければならないという点、第2は、組織の有効性あるいは機能はこれまでのコンティンジェンシー・セオリストが注目してきた組織目標の達成という側面だけでなく、成員の動機の満足や組織的統合の維持という相互に対立を孕む複数の要件の充足という視点から捉えなければならないという点、第3に、組織と環境との適合あるいは不適合関係を識別するコンティンジェンシー理論の静学的な視点を組織の環境適応プロセスのダイナミックスを考慮しうるように拡張しなければならないという点である」(p.1)。

　以上の問題意識から統合的コンティンジェンシー・モデル(野中他(1978)p.14)に基づいた理論構築を目指し、先行研究の関係文献の整理・検討がなされ、その作業を通じて組織の統合理論構築の方向性が模索される。本研究の意義は、組織過程を捨象し、静態論的分析に終始してきた従来の研究に比べ、環境・コンテクスト・組織構造・個人属性・組織過程・組織成果の諸関係の適合性を多元的に分析するモデルを構築・提示することで、従来のコンティンジェンシー・モデルをさらに精緻化・改善させたことであった。ただ、組織の複合バランスの実態をどのような方法で把握するのか、という方法論的問題は残された課題となったが、加護野(1980)がこの方向で研究を発展させていった。

　加護野(1980)は、わが国企業を対象とした組織―環境関係の体系的実証研究である。コンティンジェンシー理論で従来開発されてきた環境・技術・規模のみならず目標・製品市場戦略・競争市場戦略等が、組織の情報処理負荷を発生させるコンティンジェンシー変数として導入され、コンティンジェンシー変数の拡大が図られ、組織の情報伝達・処理構造はそこから生み出される不確実性と複雑性の量と質に対応して決定される、という情報プロセシング・パラダイムの基本命題が精緻な多変量解析を通じて検証される。この研究は、基本的には組織の情報プロセシング・モデルの一層の精緻化と改善を企図したものだが、

最も注目される点は、従来のコンティンジェンシー理論の理論的並びに方法論的遺産が情報プロセシング・パラダイムの視角から体系的に分析整理され関連命題が秩序付けられ、コンティンジェンシー理論を1つのパラダイムを有する理論体系として成立させたことである。加護野(1980)は統合的コンティンジェンシー・モデルに基づいてなされた研究成果の1つの到達点となり、さらに加護野他(1983)へと結実していった。

以上、環境適応理論の研究成果を見てきたが、その特徴としては、システム論の影響、実証研究への志向、マクロ組織論的視点、構造論、理論と実践の橋渡し、中範囲理論、総合的管理論への関心、環境決定論、静態論、状況依存性、相対主義等が挙げられる。例えば、岸田(土屋・二村編著(1989))は以下のように整理している。「①組織の内部ではなく環境という上位システムとの関連を考えるため、よりマクロ的視点をとる(マクロ組織論)、②それとの対応で、内部のプロセスよりも環境に見合う構造に関心を持ち(構造論)、したがって類型論的・静態論的傾向がある、③組織全体という視点から単位間の対立を処理するにあたって、環境という上位システムの価値を重視する(状況依存性)、④そのため状況からの要請を重視し、それに基づいて組織の有効性が判定される(環境決定論的傾向)、⑤そこではどちらの学説がよいかという議論は排除され、組織を取り巻く状況との関連でそれらの有効性が相対的に判断される(相対主義)」。

こうした特徴に対して、1970年代半ば以降、チャイルド(J.Child)、ミンツバーグ(H.Mintzberg)らに代表されるネオ・コンティンジェンシー・セオリストにより批判の矢が放たれるが、環境適応理論の主な問題点は、環境決定論、組織内過程の捨象、静態論、情報処理パラダイムの限界の諸点に集約できよう。以下この点を敷衍しておく。

第1は、環境決定論的であり、環境対応・創造という視座の欠落である。環境適応理論では、環境や技術を所与として、組織構造と環境との適合性を問題にしているが、環境適応理論の環境決定論的特質を批判するChild(1972)は、組織の環境への諸々の適応パターンを示している。組織に合わせて環境に働き

かける環境操作戦略の視点である。例えば、岸田(1985)は、「組織と環境との関係を理解するためには、どのような条件で組織化適応が行われ、どのような場合に環境操作が行われるかを明らかにし、両者を統一的に論じる必要がある」(p.173)と論じている。確かに、組織は単に受動的に環境に適応するだけでなく、戦略の策定・実行という形で主体的に環境に対応するものである。組織は、環境に対応するために経営者の戦略選択を通じて経営戦略を決定し、その戦略の実行を確保できるように経営管理、経営組織を成立させるのである。コンティンジェンシー理論は、こうした経営者の戦略選択を無視しているわけである。この点については、Chandler(1962)の「組織構造は戦略に従う」という命題を受けて、Miles and Snow(1978)は組織と環境とを媒介する経営者の戦略選択の重要性を強調し、環境適応の類型化(防衛型、探索型、分析型、受身型)を行い、それぞれの戦略タイプに適合する経営管理・経営組織の特質を整理している。このような戦略パターンのモデルは、元来環境適応理論の有する環境決定論的特性への批判として生まれたわけだが、戦略と組織の関係を相互規定的に捉えることで、結果的に組織の直面する環境と戦略・組織構造等の適合性を問題としており、その意味で環境・戦略・技術・組織構造・組織過程等の多元的適合関係を検討する統合的コンティンジェンシー・モデルに通じるものといえる。

　第2は、組織内過程を捨象しているという点である。先述したように、環境適応理論では環境と組織構造といった極めて単純化された関係が扱われるが、その他にも組織過程(リーダーシップ、意思決定、パワー、コンフリクト解消)や個人属性(欲求、モティベーション、価値観、パーソナリティ)といった側面も取り入れる組織内現象全体の環境適応を考えるべきではないか、という点である。この点については、既に環境・コンテクスト・組織構造・組織過程・個人属性・組織成果等の多元的な諸関係の適合性を分析する統合的コンティンジェンシー理論研究の蓄積を見た。

　第3は、環境適応理論の静態論的特質である。環境適応理論は組織と環境と

のある1時点での適合関係を説明するに過ぎない。現実問題として、組織は常に環境変化に対応しなければならず、新たな適合・対応状態へと移行していくわけだが、この移行プロセスのメカニズムに関し論及していない。組織論の動学化を図るには、ゴーイング・コンサーン(継続的事業体)としての企業の組織変化・革新のプロセスの解明が不可欠である。環境変化に対応するための戦略革新を実現する組織変革のプロセスを解明するには、動態的組織論が必要である。[36]

第4は、情報処理パラダイムにおける情報・知識創造という視点の欠落である。環境との関連で敷衍すれば、情報処理パラダイムには環境適応という視点のみで、環境に積極的に働きかける環境対応・創造という視角が欠落している。サイモン以来、人間は情報処理主体と見なされ、組織は個人の情報処理能力の限界を克服するものと捉えられてきた。だが、変化の激しい経営環境に晒される現代企業では、環境適応的な受動的かつ静態的な対応だけでは限界がある。つまり、個人・組織ともに環境変化に主体的に対応し、個人の自主性・創造性を尊重し、個人・組織ともに環境からの情報を受動的に処理するのみならず、主体的にダイナミックに知を創造し、市場創造へと繋げていく能力が今後は問われる。市場成熟化の中、ニッチ市場に商機を見出し、新規需要の掘り起こしによる新市場の開拓と創造に関わる市場環境創造型企業行動の解明には、情報・知識創造的視点が欠かせない。

以上の4つの環境適応理論の限界から、戦略選択アプローチつまり経営戦略論、環境対応を意識した経営戦略・経営管理・組織構造・組織過程・個人属性等による多元的適合関係に関する研究、動態的組織論、情報・知識創造パラダイムに立脚した研究等が展開されることとなる。

5 オープン・ナチュラル・システム・モデルの検討
——環境←組織←人間——

このモデルは、元来、環境適応理論への批判から生まれたもので、一言でいえば組織行動論とも呼べるが、その特徴は以下のようになる。[37]

目的達成より組織の生存が重視され、組織の行動と生存機会に対する環境の重要性は強調される。そして、構造を決定する要因は管理者の合理的な計画ではなく、例えば、参加者の連合体の間の政治闘争であり、組織構造は政治的闘争の結果であると考える。

このモデルに基づく研究としては、例えば経営戦略論、組織間関係論、組織化の理論、パワー及び政治的プロセスに関する研究等が挙げられる。

まず、経営戦略論については、環境適応理論が環境に合わせた組織のデザイン化という環境適応の視点であったのに対し、戦略を通じた組織による主体的な環境対応という視点がある。経営戦略論については後ほど詳述する。

組織間関係論に関しては次のように言える。

環境適応理論では、組織による環境への主体的積極的働きかけによる環境形成という環境操作戦略[38]という視点が欠落しており、かつ環境がどのような構成要素により編成され各要素がどういった関連を有するのかについては明示的に扱わず、しかも分析の焦点は単一の組織体である。一方、組織間関係論は、組織と組織との関係がなぜ、いかに形成・展開していくのか、組織間関係のネットワークが如何に生成・転換していくのかを課題にするマクロレベルの組織論である。組織間関係論のパラダイムには、Evan(1967)の組織セットモデル、組織間関係システムモデル(IORシステム)等があるが、組織間の生成・維持・転換を明らかにする組織間関係論は現在多彩に展開されている[39]。

組織化の理論では、組織が生成・形成される過程の論理、いわば organization ではなく organizing の理論展開がなされ、組織を動態的に見ていく。一方、環境適応理論では、合理的な組織構造の形成に重点が置かれ、それにより人間の行動は規制されると仮定しており(環境→組織→個人)、その意味で既に確立・成熟した組織が前提とされ、組織を静態的に見ていた。組織化の理論には、生物進化の自然淘汰と選択的な文化形態の普及との類推から社会文化的進化モデルを提唱した Campbell(1969)、それを組織化の理論に適用した Weick(1969)、Weick(1979)、ワイクのモデルを意思決定の観点から短期の計画及び予算行動

第1章　マネジメントの展開

の問題に適用した Hall(1981)等がある。

　パワー及び政治的プロセスに関する研究(Hickson, et al. (1971), Preffer(1978)等)は、組織が異なった利害・関心を持つ人々の連合体であれば、そこでの政治的行動あるいはパワーのあり方が現実の組織過程を推進したり阻害したりする、ということに注目する。こうした議論は、環境適応理論が組織過程を捨象して静態的に分析を進めていったことと対照的である。

　以上、open-natural system モデルについて概観してきたが、今後のマネジメント研究を展望するにあたっての糸口として経営戦略論に注目し、さらに検討を加える。[40]

　もともと軍事学の用語であった戦略という概念を経営学の文献に登場せしめたのは Chandler(1962)である。彼の定義は「企業の基本的長期目標・目的の決定、とるべき行動方向の採択、これらの目標遂行に必要な資源の配分」(p.13)である。さらに、Ansoff(1965)[41]は、意思決定を戦略的決定、管理的決定、業務的決定と区別して、戦略的決定とは「企業と環境との関係を確立する決定」と述べ、非反復的で高度な不確実性に富んだ、いわば部分的無知の下で行われる決定ルールとなるのが戦略であると述べている。また、石井他(1996)は「環境適応パターン(企業と環境との関わり方)を将来志向的に示す構想であり、企業内の人々の意思決定の指針となるもの」(p.7)と定義づけている。こうした先行研究による定義づけには、環境との関わり、企業の将来方向とそのための方策、といった共通項があり、経営戦略とは環境に対し組織が維持・発展していくための将来的方向付けと方策と把握できる。経営戦略の内容としては、SWOT分析、ドメインの設定、資源配分の決定、競争戦略・成長戦略の策定と実行等である。

　環境適応理論に欠落していた、企業の主体的環境対応手段としての経営戦略の1960～70年代における支配的パラダイムは、分析的アプローチによる分析型戦略論であった。この時期、企業は多角化した事業をいかに上手に管理していくかという切迫した課題に直面し、いかにして有限の既存の経営資源を最適

配分するべきかが多くの企業にとっての死活問題であった。こうした要請に有効に応えたのが、分析的アプローチであった。代表例は、Ansoff(1965)の多角化戦略、ボストン・コンサルティング・グループ(BCG)によるPPM(Product Portfolio Management)、ハーバード大学グループによるPIMS(Profit Impact of Management Strategy)、Porter(1980)の競争戦略等である。分析型戦略論とは、「環境の機会や脅威に組織の資源を適合させるために、組織のあらゆるレベルの目的、構造、管理システムを統合的・分析的にマネジメントする[42]」ものだが、一貫して経営戦略の合理的側面に焦点を当て経済合理性に導かれたもので、トップダウン的で演繹的経営手法ともいえる[43]。分析型戦略論は、まず環境要因を徹底的に分析し、自社の資源展開をそれに適合させ論理的に行い、そして戦略実行の道具としての組織を戦略に合わせて設計していくという基本的特質を有する。分析型戦略論では、戦略策定の主体はトップ・マネジメントであり、その経営戦略を組織・個人が機械的に遂行することが想定されている。しかも、戦略策定者は戦略代替案をすべて列挙でき、かつ成果予測が確定的に決定できねばならない。こうした戦略論は、環境が相対的に安定的で分析可能な場合にのみ有効となるが、ここに長期的デザインから短絡的な行動を演繹的に引き出す分析型戦略論の根源的問題点が見出せ、環境変化の激しい状況への戦略的対応をいかに行うかという面での限界が露呈することとなる。

　1980年代初めになると、多くの欧米企業は戦略策定のための科学的計量的アプローチの虜となり、Peters and Waterman(1982)が指摘した「分析マヒ症候群」をおこし、その活力と競争力を失っていく。Peters and Waterman(1982)では、分析型戦略論の問題点として、非合理的側面の無視、人間の持つ創造性の無視、企業文化の果たす役割の軽視等を挙げているが、優良な企業は個人の創造性とその行動を尊重し、分権的な組織と自由度の高い価値観の共有に基づくマネジメントの実践を行っており、これは分析型戦略論の演繹的でトップダウン的なものとは相反するものである[44]。こうして分析型戦略論のアンチテーゼとして1980年代末以降登場してくるのが、人間の自主性や創造性を重

視する進化論モデルに基づくプロセス型戦略論である。

　帰納的でボトムアップ的なプロセス型戦略論は、「経営戦略を組織内のプロセスとして捉え、そのプロセスの中から生じる創発的行動に着目していく」[45]ものである。その特徴は、人間の創発性に着目し、経営戦略は組織内部のプロセスの中から生み出されるもので、戦略の策定と実施は相互依存的で、ミドルが重視されミドルが組織の中核的存在としての役割を果たし（ミドル・アップダウン・マネジメント）、戦略形成のプロセスの説明が重視される。問題点としては、ボトムアップ故に組織全体を計画的に方向づけることの限界、トップダウン的革新の説明には必ずしも有効ではないこと、トップダウン的意思決定のようなスピード感の欠如等が挙げられよう。こうした点は、分析型戦略論の得意とする特質であることを考慮するならば、経営戦略の全体的把握は分析型戦略論とプロセス型戦略論の相互補完によりはじめて可能となることに留意しなければならない。

　こうしたプロセス型戦略論の中核理論となるのが、能力ベース経営（competence-based management）[46]と呼ばれる方法論である。しかしながら、例えば野中（石井他(1996)）は、能力ベース経営の議論では最も重要な経営資源は具体的に何なのか、またそれはどのように構築されるのか、について明示的に提示されていないという。そこで、経営資源として重要な知識に着目し、しかも環境変化に対応するには知識の蓄積と展開を目指す組織学習だけでなく、環境変化を先取りした「情報・知識の創造」の必要性を唱え、自ら環境変化を引き起こし、ひいては環境創造をもたらす知識創造システムの構築の必要性を唱える。これが知識創造理論（野中(1990)、野中(1994)、紺野・野中(1995)、Nonaka and Takeuchi(1995)、野中(1996)等）の考え方である。そして、こうした知識創造理論の展開においてベースとなるのが進化論モデル（Campbell(1969), Weick(1969), Weick(1979), Hall(1981)等）である。

　組織を動態的に捉え組織変革を扱う進化論モデルは、通常、変異（variation）→選択淘汰（selection）→保持（retention）というプロセスでの進化を考える（Campbell(1969))。しかも、Weick(1969)以前の進化論では、環境との関係を組織による受身的適応という視点から主に環境決定論的に捉えており、変異は合理的にではなく、環境により偶発的に生起させられると考える。これに対し、Weick(1969)はCampbell(1969)のモデルを修正した修正進化論を提示し、組織は環境で主体的に「演技」し、環境は組織内部の行為者の行為により創造される創造的環境(enacted environment)となると述べている。

　Weick(1969)は、組織化のプロセスとして、環境から組織が収集する情報の多義性を除去する多義性除去過程と、環境変化に対し組織が対応するための新たな情報獲得を目指す多義性増幅過程(既に一義的に解釈されていた情報を、新たにその情報の多義性を増幅させ環境対応に役立てるプロセス)の相互作用で説明する。つまり、多義性除去過程は変異→選択淘汰→保持という方向で進行し、多義性増幅過程は保持→変異、または保持→選択淘汰という方向で進んでいくわけである。こうしたワイク(K.E.Weick)の理論は、組織進化論として、組織の長期的環境適応と組織変革のメカニズムの解明に大きなインプリケーションを付与している。[47]

　確かに、ワイク理論の組織のダイナミックな捉え方・創造的環境という概念・組織の環境への主体的対応という点は評価できる。しかし、Weick(1969)の多義性増幅過程にしても、組織が過去の情報・知識・経験にあくまで依拠した形で理論展開されており、情報・知識創造という観点からは限界を有する。[48] Weick(1969)の多義性増幅過程という考えをさらに発展させ、情報・知識創造という観点を明示的に取り上げたのが、進化論モデルに基づく自己組織化をキーコンセプトとする企業進化論(野中(1985)、野中(1986)、野中・寺本編著(1987)、野中(1987a)、野中(1987b)等)や知識創造理論(野中(1990)、野中(1994)、紺野・野中(1995)、Nonaka and Takeuchi(1995)、野中(1996)等)である。[49]

　進化論に基づく企業進化論として、例えば野中(1985)は企業は単に環境に受動的に適応するだけでなく、自ら情報を創造することが求められており、企業は情報処理の効率性を追求するだけでなく、むしろ自らの多義性を増幅させ既

存の思考・行動様式を破壊し、新たな秩序を創造できる能力を持つべきであると述べ、自己組織化をキーコンセプトとする情報創造の組織論の確立の必要性を唱える。そして、絶えず進化する自己革新的な組織の条件としては、①外部環境のバリエーション、②組織内のゆらぎの創造、③組織の持つ自律性、④組織の有する自己超越性、⑤個と全体の共振＝偶然と必然との相互補完性、⑥情報の共有性・知識化、⑦テレオノミー(目的志向性)を挙げている。

　こうした理論展開をさらにリファインさせたのが、知識創造理論(野中(1990)、野中(1994)、紺野・野中(1995)、Nonaka and Takeuchi(1995)、野中(1996)等)である。知識創造理論は、元来、日本企業の新製品開発の速さと柔軟性を説明することを目的としたもので、「サイモン以来の伝統である情報処理パラダイムに代わり、知識創造というコンセプトで組織のマネジメントのすべての分野(企画、製品開発、人事、生産、マーケティング、会計等)を再検討・再構築しようという新たな経営学パラダイム」の構築を企図するが、ここでいう知識創造企業とは、「時代の変化を先取りする高い理想をビジョンとして掲げ、その実現に向けて企業内外に散在する知識を結集し、組織的プロセスを通じてそれを効率的に拡大・発展させていく能力」を有する企業である。

　組織内での知識創造は、まず知識をPolanyi(1966)のいう「暗黙知」と「形式知」に分けて説明されていく。暗黙知とは「言葉では表現し切れない主観的・身体的な知」であり、形式知とは「文章や言葉で表現できる客観的・理性的な知」である。この2つの知の相互補完・循環関係は、知識変換と呼ばれる。暗黙知と形式知との間の知識変換には4モード(共同化、表出化、連結化、内面化)があり、これらの4モードは独立的にではなく、スパイラルに作用し合って、個人から組織さらに顧客や他組織をも巻き込みながら、知の増幅が展開されていく。この知のスパイラルを支援・促進する5条件が、自律性、ゆらぎ・カオス、組織的意図、情報冗長性、最小有効多様性である。

　市場成熟化の中、セグメント・マーケティング、製品差別化、新製品・技術開発等による付加価値創出が競争優位性構築の鍵となる現代企業の戦略展開に

は、有能な人材の育成や事業機会の探索に常に努め、環境適応のみならず、戦略的マーケティングによる主体的な需要の掘り起こしによる市場創造への対応が問われる。だとすれば、情報的経営資源としての知識の創造プロセスに着目する知識創造パラダイムに基づくこうした新たな経営学の模索は、組織内の知の創造を通じての環境対応・創造理論構築への地平を拓くものとして、組織の環境対応・創造のメカニズムの解明に役立ち、組織と環境との対応関係を巡る今後の研究方向を窺う上で、大きなインプリケーションを与えている。

　ここまで、経営・組織研究の今後の展望を、環境適応理論に対する批判的研究(環境決定論を超克しプロセス型戦略論として多彩に展開される経営戦略論、組織内過程の捨象という環境適応理論の問題点の克服を企図して登場した、組織内過程を包含する組織諸要素の統合的多元的な適合関係に関する研究、組織を動態的に把握する動態的組織論、知識創造という統合的パラダイムの構築に基づく知識創造理論)に着目して考察してきた。open-natural system モデルに属する諸理論は、確かに環境適応理論への批判をスプリングボードとして生起してきただけに、上記の4つの展開方向にそれぞれ重要な論点を提示し示唆を与えてきたといえよう。

　今後は、従来の情報処理パラダイムを包摂・超克する情報・知識創造パラダイムに基づく、動態的な統合的戦略型環境対応・創造理論の構築・提示を通じての、経営・組織研究の弁証法的さらなる深化・発展が期待される。

6　むすび
―― 今後の展望と環境・CSR・持続可能なマネジメント論の位置づけ ――

　以上、Scott(2003)の組織モデルの類型化に従って、各モデルを検証してきた。それで得られた知見は、経営・組織研究の方向は、closed system アプローチから open system アプローチへと進展してきたこと、又、合理的モデルと自然体系モデルに関しては両者の優劣を論じるよりも組織現象の全体的解明を企図するならば、両者による組織構造・組織行動に対する相互補完的把握が必要であるということであった。

組織と環境との相互関係を巡る視角に関しては、環境適応理論は環境適応という視角を提示し、経営戦略論・動態的組織論がそれを超克する方向で環境対応という視角を提示してきた。さらに、知識創造理論が解明する知の創造プロセスを通じて、環境創造という新たな視角への地平が拓けてきたことを見てきた。このように企業組織と環境を巡る研究動向は、環境適応理論から環境対応・創造理論の構築・提示への模索という趨勢にある。

　第1章でのマネジメント研究の展開過程を要約すると、以下のようになろう。

　closed-rational system モデルには科学的管理理論、管理過程論、官僚制理論が属し、closed-natural system モデルには人間関係論、人的資源アプローチ、社会システム論が属するが、両モデルでは社会的システム論での部分的展開を除き、組織と環境という視座が明確ではない。1950年代までの企業経営の当面する課題が主に組織の内部効率の達成にあったことにも因るが、1960年代になると市場環境の不確実性の深化等を背景に、企業経営の課題が外部環境への適応に移行していく。そうした中で、行動科学的組織論までの組織・管理論が closed system に基づき、あらゆる環境下に当てはまる最善の普遍的組織化の方法を探究してきたのとは異なり、組織の直面する個々の状況が異なれば有効な組織化の方法も異なると唱え、管理原則学派に批判の矢を放ったのが、直接の淵源をタヴィストック研究所の社会—技術システム論とし、open-rational system モデルに属するコンティンジェンシー理論であった。コンティンジェンシー理論の問題点の克服は、経営戦略論、組織間関係論、動態的組織論、パワー及び政治的プロセスに関する理論等の、open-natural system モデルとしてのポスト・コンティンジェンシー理論に受け継がれた。

　open system 観に立脚したコンティンジェンシー理論や経営戦略論により、はじめて企業の内部・外部環境の問題に目が向けられるようになったが、こうした研究の分析対象は主に市場環境・技術環境・競争環境であり、マネジメント研究から自然環境や社会環境は捨象されてきた。現代企業の環境対応、社会対応の重要性に鑑みても、既存のマネジメント体系に環境マネジメント、CSR

マネジメントを組み込んだ新たなマネジメント体系及びその体系的研究が必要となってきたといえよう。

因みに、Scott(2003)の組織モデルの類型化に依拠すれば、環境マネジメント論、CSRマネジメント論、持続可能なマネジメント論の位置づけと、環境・組織・人間の規定関係に関しては、図1-1のように整理できる。マネジメントシステムに着目した場合は、環境マネジメント論、CSRマネジメント論はopen-rational systemモデルに属する。但し、open-rational systemモデルでは環境→組織→人間という規定関係が想定されているが、環境マネジメント論、CSRマネジメント論では、組織→人間の規定関係は同様だが、環境と組織の規定関係は双方向的なものとなろう。つまり、環境マネジメント論、CSRマネジメント論でも構築・運用されるマネジメントシステム(組織)により人間行動は規定されるが、環境と組織に関しては、環境適応の側面のみならず、環境戦略・CSR戦略の策定・遂行を通じた環境対応・創造の側面を有する。また、環境マネジメント論、CSRマネジメント論の拡大・発展・統合形態としての包括的な持続可能なマネジメント論の場合(詳しくは第**6**章で論及する)は、open-rational systemモデル(環境→組織→人間)とopen-natural systemモデル(環境←組織←人間)の統合モデルと解することができよう。環境と組織の規定関係は戦略策定・遂行による双方向的で、環境適応・対応・創造の各側面を有する。また組織と人間の規定関係に関しても双方向的であり、マネジメントシステムによる人間行動への規定関係と同時に、open-natural systemモデルで考察した能力ベース理論、知識創造理論等が示唆するような人間レベルからのボトムアップ的働きかけが重要となる。環境経営、CSR経営、ないし持続可能な経営における環境対応・創造の重要性を鑑みると、人間→組織への働きかけの側面も看過できない。

以上、第**1**章から得られた知見としては、既存のマネジメント研究における各理論モデルの特質、組織と環境との関係把握の特徴、各モデルの環境・組織・人間の規定関係、マネジメント研究の変遷と時代背景、既存のマネジメン

```
┌─────────────────────────────────────────────────────────────────────┐
│ マネジメントシステムに着目した場合  ：open-rational systemモデル      │
│                                                                     │
│ 環境マネジメント論    環境戦略    マネジメントシステム    人間行動   │
│                       ┌──┐      ┌────┐      ┌──┐                   │
│                       │環境│◄───►│組織│────►│人間│                 │
│                       └──┘      └────┘      └──┘                   │
│ CSRマネジメント論    CSR戦略    マネジメントシステム                 │
│                                                                     │
│ 包括的な持続可能なマネジメントの場合                                 │
│   ：open-rational systemモデルとopen-natural systemモデルの統合モデル│
│                                                                     │
│ 環境マネジメント論┐              戦略    マネジメントシステム  人間行動 │
│                   ├─持続可能なマネジメント論 ┌──┐   ┌────┐   ┌──┐  │
│ CSRマネジメント論 ┘              │環境│◄──►│組織│──►│人間│  │
│                                  └──┘   └────┘   └──┘  │
└─────────────────────────────────────────────────────────────────────┘
```

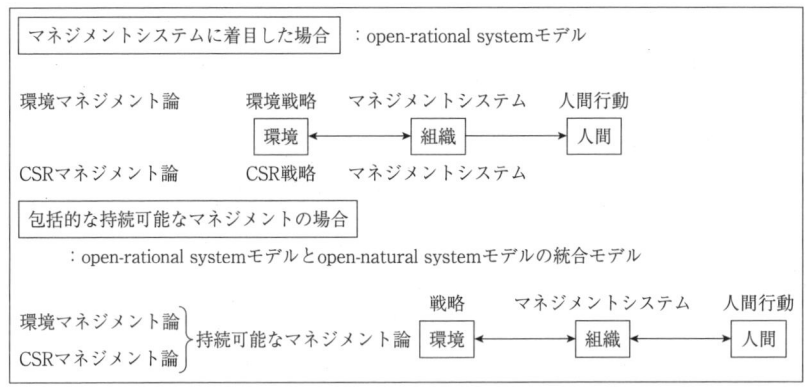

図1-1 環境マネジメント論、CSRマネジメント論、持続可能なマネジメント論の組織モデルにおける位置づけと、環境、組織、人間の規定関係

出所：筆者作成。

ト研究における自然環境・社会環境の分析対象からの捨象、環境マネジメント論・CSRマネジメント論・包括的な持続可能なマネジメント論の組織モデルにおける位置づけと環境・組織・人間の規定関係等であった。

---

(1) なお、アメリカ経営学の方法論的反省とその統一理論については、山本(1964)、山本・加藤編著(1982)、鈴木編(1976)、鈴木編(1984)等が参考となる。
(2) 例えば、Scott(2003)pp. 107-122。
(3) 岸田(1985)p. 7。
(4) 同書、p. 10。
(5) Fayol(1916)p. 7。
(6) 管理過程学派のこうした職能論的把握に対する批判として、例えば山本・加藤編著(1982)は「計画を立ててこれを実行に移し、その結果を当初の計画に照らして検討するという、人間の日常的な行動一般の特徴になぞらえて経営管理を理解しようとしたものであり、経営者の主体的な活動としての経営管理特有の内容とその多様な相互関連を必ずしも十分に捉えきれてはいない。そこで筆者は……バーナードの見解に即しつつ、この職能的把握の見地をさらに展開して、経営者の主体的活動の総体としての経営管理を、意思決定、組織構造、そして動機づけという3つの要因から成るシステムとして把握する。これは、職能論的把握の見地の限界を超えて、

第Ⅰ部　マネジメントの展開と新潮流〈理論編〉

　　　経営管理の内容を包括的に捉えるための、より広い観点に立つものである」(p. 282)と述べている。
⑺　例えば、加護野(1980)p.34。
⑻　岸田(1985)p.11。
⑼　なお、Barnard(1938)は open-natural system モデルとして理解可能かもしれないが(例えば、八木(1999))、Scott(2003)は、Barnard(1938)は、例えば環境を変え得るならば目的を達成するように環境に働きかけ、それができないなら目的を修正するように意思決定を行う(意思決定の機会主義)という具合に考え外的条件にも言及しているが、分析の焦点は組織の内部的な諸過程の調整にあると理解している。
⑽　岸田(1985)pp.11-16。
⑾　作田・井上編(1986)p.128。
⑿　例えば、武澤(1989b)p.190。
⒀　ただ、先述したように外的条件にも触れるが、社会システム論の最大の関心事は組織の内部過程の分析である。
⒁　岡本編著(1996)p.74。
⒂　飯野(1978)p.63。
⒃　例えば、加藤・飯野編(1986)等。
⒄　岸田(1985)p.15。
⒅　徳永(1995)pp.41-59。
⒆　八木(1999)pp.109-114。
⒇　例えば、鈴木(1984)等。
㉑　徳永(1995)p.55。
㉒　小泉(1975)p.187。
㉓　なお、バーナード理論を科学的に精緻化しようとした Simon(1947)、March and Simon(1958)は対外均衡問題より対内均衡問題を第1義的に取り扱っており、その意味で近代組織論は内部志向的であることを確認しておきたい。
㉔　なお、バーナード理論に依拠して組織論的管理論の体系化を試みた研究として、例えば飯野(1978)、飯野「経営管理論の新しい展開」山本・加藤編著(1982)、南(1986)、南(2007)等がある。
㉕　コンティンジェンシー理論に関しては、例えば以下の文献に詳しい。野中(1974)、降旗・赤岡編(1978)、野中他(1978)、占部編(1979)、加護野(1980)、岸田(1985)、土屋・二村編(1989)。
㉖　例えば、岸田(1985)。
㉗　Lawrence and Lorsch(1967).
㉘　Merton(1957)によれば、中範囲理論とは検証可能な概念からなる仮説をもって

特定の領域(といってもミクロすぎず特定の範囲での一般性をもつ)で構成された理論である。それは実証科学が成立し得る領域での理論であり、こうした特定理論の結合から徐々に一般理論に発展させるように進むべきだと主張する。

⑵⁹　坂下(1992)p.88。
⑶⁰　同上。
⑶¹　アストン研究については、例えば Hickson, et al.(1969)、神山(1976)、神山(1977)を参照されたい。
⑶²　日本のコンティンジェンシー理論研究は、加護野他(1983)で最高潮に達したが、「おおよそ、これをもって終焉したともいえる」(庭本(1996)p.60)。
⑶³　詳しくは、野中(1974)を参照されたい。
⑶⁴　例えば、岸田(1985)p.157。
⑶⁵　土屋・二村編(1989)p.205。
⑶⁶　例えば、本多「環境変化と組織構造」西門他(1996)p.161。なお、動態的組織論に関しては次節で論及する。
⑶⁷　Scott(2003)、岸田(1985)p.24。
⑶⁸　環境操作戦略には緩衝戦略・自律的戦略・協調の戦略等があるが、詳しくは例えば山倉(1993)等を参照されたい。
⑶⁹　組織間関係論については、例えば山倉(1993)等を参照されたい。
⑷⁰　以下の検討は、主に石井他(1996)、奥村(1989)、平池「組織の戦略と革新」川端編著(1995)等を参照した。
⑷¹　なお、アンソフ(H.I.Ansoff)は戦略策定の段階にとどまっていた Ansoff(1965)から、戦略の実行とその成功を探索する Ansoff(1979)へと発展させ、Chandler(1962)の「組織は戦略に従う」という命題を180度転換させ「戦略は組織に従う」と提起し、戦略選択は組織構造の諸条件に規定されると唱えた。
⑷²　石井他(1996)p.209。
⑷³　従って、Scott(2003)の分類に従えば、分析型戦略論は厳密には open-rational system モデルに属すると考えられよう。
⑷⁴　石井他(1996)p.210。
⑷⁵　同書、p.209。
⑷⁶　能力ベース経営の議論は、まずコンピタンスという概念は Selznick(1957)に、さらに企業の未利用資源、特に経験の蓄積から生じる知識の重要性を主張する Penrose(1959)にその源流をもつ。詳しくは、コア・コンピタンス経営に関する Prahalad and Hamel(1990)や能力(ケイパビリティズ)ベースの競争に関する Stalk, et al.(1992)等を参照されたい。
⑷⁷　以上、西門他(1996)pp.162-169。

第Ⅰ部　マネジメントの展開と新潮流〈理論編〉

(48)　知識創造に関しては、例えば Nonaka and Takeuchi(1995)は、Senge(1990)等の組織学習の研究者は知識を発展させることが学習であるという視点が欠落しており、組織学習とは適応のための受動的な自己変化であると批判し、組織学習的研究と知識創造理論を峻別している。
(49)　例えば、庭本(1994)、今田(1994)。
(50)　なお、例えば加護野(1988a)、加護野(1988b)もこうした文脈で既存パラダイムを創造的に破壊し、新たなパラダイムへの創造プロセスをパラダイム革新と呼んでいる。
(51)　Nonaka and Takeuchi(1995) p. 369.
(52)　石井他(1996) p. 221。
(53)　野中(1996) p. 77。
(54)　同上。
(55)　詳しくは、野中(1990)、野中(1994)、紺野・野中(1995)、Nonaka and Takeuchi(1995)、野中(1996)を参照されたい。
(56)　なお、環境創造という視角からの研究蓄積としては、商学分野のマーケティング理論における市場創造研究の蓄積があることは念のため確認しておきたい。

＊　本章は、八木(1996)を基に、加筆・修正したものである。

第2章
環境経営を巡る理論と規格

 序章でも述べたように、持続可能なマネジメントに関する問題は経営学でも新しい研究分野であるが、主にこれまで環境経営・マネジメント研究、CSR経営・マネジメント研究の中で論じられてきた。本書の接近方法の特徴でもある環境経営研究とCSR研究の両面からのアプローチを試みるために、以下、第2章と第3章では、環境経営およびCSRを巡る理論研究の展開と規格の整備状況を検証していくことにする。

 本章では、環境経営を巡る理論と規格に関し考察する。まず、環境経営に関する理論展開をトレースし、次に環境経営に関するISO規格、国内規格に関し論及する。

1　環境経営に関する理論

 第1章では、Scott(2003)の組織モデルの類型化に依拠して組織と環境を巡る研究を検討した。既述したように、open system 観に立脚したコンティンジェンシー理論や経営戦略論により、はじめて企業の内部・外部環境の問題に目が向けられるようになり、その意味で画期的なパラダイム転換であったといえるが、こうした研究の分析対象は主に市場環境・技術環境・競争環境であり、自然環境は捨象されてきた。その意味で、ここまでの議論は環境経営学前史といえよう。[1]だが、企業と環境を巡る問題への関心、ISO14001の発行等を契機とした企業の環境マネジメントシステムの普及等もあり、環境経営に関する研究

が1990年代以降、欧米を中心に展開されるようになる。

ここでは、1990年代以降の環境経営に関する研究動向を、環境戦略・組織の類型化に関する研究、環境パフォーマンスと経済パフォーマンスの相関関係に関する実証研究、環境経営に関するマネジメント論による体系的研究に着目して考察していく。

環境戦略・組織の類型化に関する研究

1990年代以降、環境戦略・組織の類型化に関する研究が欧米を中心に多く展開されている。

Welford, ed.(1996)は環境リスクと成長機会の2要因により環境経営の戦略・組織の4モデルとして、無関心型、積極型、防衛型、革新型を提示し、例えば無関心型は環境リスクが低く環境による成長機会が少ない企業のタイプ、一方、革新型は環境リスクが高く環境対応次第で成長機会が期待できる企業のタイプとしている。

環境戦略の類型化を巡る研究としては、例えばHart(1995)は、資源ベース理論の観点から環境戦略を、汚染防止ないしTQM(全社的品質管理)アプローチ(汚染水準の法的規制に配慮する戦略)、製品責任(product stewardship)アプローチ(製品の全ライフサイクルを通じて環境負荷を最小化する戦略)、持続的発展アプローチ(環境負荷を最小化しつつ企業成長を図り持続的発展を目指す戦略)の3類型に分類している。なお、Russo and Fouts(1997)は、Hart(1995)の戦略類型を簡略化して、エンド・オブ・パイプ型の法令遵守型戦略、汚染予防型戦略に分類している。また、Buysse and Verbeke(2003)は環境戦略の類型を反応的戦略、汚染防止戦略、環境リーダーシップ戦略の3類型に分類しているが、ここでいう反応型戦略とはエンド・オブ・パイプ型戦略に似た戦略である。Aragon-Correa and Sharma(2003)は環境規制対応以上の積極的対応を意味するプロアクティブ戦略に論及している[2]。

以上の環境戦略を巡る類型化の分類は、リアクティブ(反応的)対応→プロア

クティブ(積極的)対応→環境イノベーターにおおよそ整理でき得ると思われるが、実際の環境経営モデル(corporate response)の変遷史に関しては、例えば堀内・向井(2006)は公害防止型(1970年代)→公害予防型(1980年代)→競争戦略型(1990年代)→持続可能型(2000年代)と整理し、Russo, ed.(2008)は1970年代以前はunprepared、1970年代(1st Era：compliance)はreactive、1980年代(2nd Era：beyond compliance)はanticipatory、1990年代(3rd Era：eco efficiency)はproactive、2000年代(4th Era：sustainable development)はhigh integrationと整理しており、持続可能な経営モデルの解明の必要性を示唆している。

　以上から今後の環境経営の方向性としては、統合管理システムをベースとしたプロアクティブ対応による環境イノベーター型モデルが窺える。例えば、Esty and Winston(2006)は世界数百社を分析し利益を生む環境戦略を考察し、Green to Gold原則(環境効率、環境コスト、バリューチェーン、環境リスク、環境ニーズ、エコ・マーケティング、イノベーション、無形価値)とGreen Wave Riderのノウハウ(環境意識の浸透、環境情報の管理、リデザイン、企業文化)を導出しており、今後の環境経営の戦略・組織のあり方を考察する上でも興味深い。

環境パフォーマンスと経済パフォーマンスの相関関係に関する実証分析

　1990年代以降、欧米を中心に環境パフォーマンスと経済パフォーマンスに関する研究[3]が数多く展開されてきた。そして、これらの研究はポーター(M.E. Porter)仮説(ex. Porter(1991), Porter and Linde(1995a), Porter and Linde(1995b))を巡る研究でもあった。ポーター仮説とは、適切な環境規制が導入されれば企業は環境投資を増やし、その結果技術革新を生み、それがコスト削減等の資源生産性の向上や品質向上をもたらし、企業の競争優位性の確立に繋がり、結果として企業の経済パフォーマンスは向上するというものである。この仮説を巡り、環境規制と経済パフォーマンスの相関性等、仮説の妥当性の検証に関する研究が多くなされてきた。[4]

　ポーター仮設を支持する研究としては、Hart and Ahuja(1996)は米国127社

のデータを基に、汚染防止活動(TRIに基づくエミッション削減)[5]は1、2年で経済成果(ROE、ROA、ROS)[6]にプラスの影響をもたらすことを明らかにし、ROEはROA、ROSよりも時間を要することを見出した。さらに、Russo and Fouts (1997)も243社のデータを基に環境パフォーマンス(環境格づけ)と経済パフォーマンス(ROA)は有意にプラスであることを実証し、King and Lenox(2002)も614社のデータを基に環境パフォーマンス(TRI)と経済パフォーマンス(ROA)のプラスの関係を実証し、Al-Tuwaijri, et al.(2004)も198社のデータを基にプラスの関係を実証している。そして、最近は企業努力を反映してか両立を支持する研究が増加する傾向にある。

一方、ポーター仮説の不支持を示す研究としては、Walley and Whitehead (1994)は環境への投資は費用増加であり、環境成果と経済成果の両立は非現実的と指摘し、Palmer, et al.(1995)はポーターの示した証拠はあくまで事例であり、それをもって一般化するには無理があると指摘し、環境規制強化は企業利潤の減少に繋がるとしている。Corderio and Sarkis(1997)は523社のデータを基に環境パフォーマンス(TRI排出量の合計の変化)は経済パフォーマンス(1年、5年の1株当たりの利益予想)と有意にマイナスと実証し、Rugman and Verbeke (1998)は特定の条件下(大規模国内市場の有無等)でのみポーター仮説は有効であり、環境規制は必ずしも技術開発、競争優位性を強めることにはならないと指摘している。さらに、Wagner, et al.(2002)は独伊英蘭の製紙会社37社のデータを基に環境パフォーマンス(紙生産量1トン当たりのSO_2、NO_x等の排出量)と経済パフォーマンス(ROS、ROE、ROCE)[7]の関係を実証し、その結果、ROCEとはプラスだが、ROSとROEとはマイナスであることを見出した。

以上のように、ポーター仮説を巡り様々な研究がなされてきたが、まだ決定的結論は得られていない。中でも、環境パフォーマンスと経済パフォーマンスの同時的達成をもたらす組織行動の要因の抽出に寄与した研究として、Schaltegger and Synestvedt(2002)は環境マネジメントシステムやグリーン・サプライチェーン・マネジメント(GSCM)が関係することを示し、Porter and Kramer

(2006)はプロアクティブな環境経営が競争優位性を高めると指摘している。

　ただ、従来の研究は環境と経済の関係を明らかにし、企業の組織特性の一部を解明してきたが、環境成果と経済成果の間の因果関係やメカニズムが不明なものが多いとも指摘されている[8]。今後は、成果変数の選択・測定方法の更なる検証、どんな与件・組織要因が環境パフォーマンスや経済パフォーマンスにいかに作用するのかの解明、環境行動プロセスのメカニズムの解明、総合的環境経営活動の評価法の開発等が課題となるが、日本でもこうした問題意識を踏まえ、金原・金子(2005)、天野他編著(2006)、豊澄(2007)、金原・藤井(2009)等の研究成果が公表されており、今後の深化・発展が期待される。

環境経営に関するマネジメント論による体系的研究

　「環境の世紀」を迎え、地球温暖化現象に代表される地球環境問題が切迫する中、宇宙船地球号は警鐘を鳴らし、人類の英知の結集と迅速な対応が求められている。人々の環境意識の高まり、京都議定書の発効等、環境共生型社会経済システムの構築と持続可能な発展が喫緊の課題となる中、企業と自然環境の視座が注視されている。企業と自然環境に関する包括的理論である環境経営学の体系化が必要とされる所以である。例えば、鈴木(貫・奥林・稲葉編著(2003))は「環境経営学は、人間・社会系と自然・生態系と経済・産業系の『共生の経営学』[9]」と述べているが、環境問題の切迫性という新たな社会経済的コンテクストの下、社会経済的コンテクストとの相互関連の中でパラダイム・シフトを遂げていく社会科学としての経営学理論の事実負荷性を考慮するなら、ポスト・コンティンジェンシー理論として多彩に展開する現代経営学にも環境経営学等の新たな学問体系が必要となってきた。

　2000年以降、環境経営学の体系的構築が急速に進みつつあり、例えば鈴木(2002)、天野他編著(2004)、高橋・鈴木編著(2005)、國部他(2007)、鈴木・所編著(2008)、Russo, ed.(2008)等の環境経営学の体系的構築を企図した研究がなされてきた[10]。企業の現場でのISO14001の普及・浸透による環境マネジメントシ

ステムの整備が進んだことも背景となり、2000年前後から環境経営学の体系的研究と環境マネジメントの体系化が進展した。環境経営・マネジメントの分野では、以下考察するように、1996年の環境マネジメントシステムの国際規格 ISO14001 の発行を機に、企業の現場でマネジメント・プロセスの PDCA サイクルによる環境マネジメントシステムの構築がこれまで急速に普及・浸透してきた。また、ISO14000 ファミリーの整備もあり、環境マネジメントシステム構築のための様々な支援ツールも充実し、環境マネジメントのシステム化はほぼ完成しつつある。こうした規格の整備もあり、環境経営・マネジメントを巡る研究ではマネジメント・プロセスによる体系的研究が多くなされてきたことが特徴である。

さらには、現代企業が環境経営からCSR経営へ、さらには持続可能な企業経営へと進化しつつある中で、研究面では環境経営研究からCSR・サステナビリティ研究への拡大・進化が問われる。ISO14000 ファミリーの今後の方向性、統合システム化に向けた動き、CSR経営への拡大・進化、トータル概念としてのサステナビリティへの企業の対応等を勘案すると、環境経営とCSR経営を統合した理論フレームワークの構築が必要となる。

2 環境経営に関するISO規格

環境経営は1990年代の初頭から経営課題として現場で意識されるようになり、1996年発行のISO14001に代表されるPDCAサイクルによる環境マネジメントシステムが普及・浸透し、また環境情報開示の点では環境報告書ガイドラインが整備されてきた。環境経営・環境マネジメントは、その進化形態として、現場での模索が続くCSR経営・CSRマネジメントに比べ、マネジメントシステム化が進んでおり、その意味で今後CSRマネジメントを全社的に落とし込む際のモデルとなり得る。そこで、まず環境経営・環境マネジメントを巡るISO規格に関し論及する。

第2章　環境経営を巡る理論と規格

環境 ISO の規格化の経緯

　環境マネジメントシステムの規格化の整備は、1990年代に入り欧州で急速に進む。まず、ISO の取り組みに先立ち各国に先駆け検討を逐次進めてきた英国規格協会(BSI：British Standard Institute)が1992年3月に制定し、その後1994年2月に改正された英国の国家規格である BS7750(英国環境管理システム規格)がある。これは、英国が主導権を取るべく提案された世界最初の環境管理・監査制度に関する規格であり、環境保護と環境実績に対する関心の高まりから環境・汚染規格政策委員会の指導のもとに作成されたものだが、この BS7750 は ISO14000 シリーズの基となった規格であり両者には共通性が窺え、この点は BSI の品質管理規格の BS5750 が ISO9000 シリーズの基になったのと同じである。両者とも記述のスタイルも極めて簡潔であるが、ISO14000 シリーズの方がより一層簡潔にまとめられており、いかなる組織にも適用できるようにされているのが特徴である。さらに、ISO14001 との違いは BS7750 には予備環境調査が求められることだが、環境 ISO の環境側面の特定も実質的に環境調査から始める必要があり結果的に同じともいえる。BS7750 は ISO14001 の発行により自動的に消滅したが、いずれにせよ、BS7750 は環境マネジメントシステムのモデルを作ったといえよう。

　環境 ISO の成立を促進したもう1つのものが、1993年7月に公布され、1995年4月に施行された EU(European Union：欧州連合)の EMAS(Eco-Management and Audit Scheme：欧州環境マネジメント及び監査規則)である。EMAS は EU が市場統合に合わせ制定した欧州規格であり、ISO のような国際規格ではなく、また対象は EU 内の企業、それも製造業に限定されているが、その一番の特徴は EU 加盟国政府に対しては強制法規であるが、企業に対してはあくまでも任意とされている点であろう。また、EMAS は BS7750 と類似しているが、それに参加する企業は環境マネジメントシステムを構築した上でその活動の成果を環境声明書にまとめ、それを第三者の公認環境認証人による認証を受けた上で公表する義務を負い、BS7750 に比べ企業にとりより厳しいも

のとなっている。後述するようにISO14001の認証審査が基本的にシステム審査であるのに対し、EMASは環境パフォーマンスを記述した環境声明書に対する審査といえるのである。

以上、BS7750とEMASを見てきたが、今日ではBS7750及びEMASの規格部分はISO14001にとって代わられることとなった。

さて、ISO14001発行への1つの契機となったのは、1991年6月に国連環境開発会議(UNCED)が翌年の地球サミットのために創設したBCSD(The Business Council for Sustainable Development：持続可能な開発のための経済人会議)であった。この世界の約50人の主要経済人から成るBCSDが、ISO(International Organization for Standardization：国際標準化機構)に企業活動による環境への負荷を軽減するための環境に関する国際規格の策定に取り組むよう勧告し、1993年1月に加盟国の承認投票を得てTC(Technical Committee：専門委員会)207を正式に設置し、環境管理に関する規格制定を開始した。TC207には当初、6つのSC(Sub Committee：分科委員会)と1つのWG(Working Group：作業グループ)が設けられ(SC1：環境マネジメントシステム、SC2：環境監査システム、SC3：環境ラベル、SC4：環境パフォーマンス評価、SC5：ライフサイクルアセスメント(LCA)、SC6：用語と定義、WG1：製品規格のための環境側面)、各SCにはさらに具体的作業を行う複数のWGがそれぞれ設置された。そして、環境保全全般にわたる国際規格であるISO14000シリーズの作成が進められていったのである。

わが国では国際競争上、国際的に統一された産業標準に参加することが当然とされ、ISO14000シリーズをそのまま日本語に翻訳してJIS Q 14000シリーズとして工業標準化法に基づき日本工業標準調査会の審議を経て、1996年10月20日に通商産業大臣が日本工業規格の1つとして制定することとなった。[13]

ISO14000ファミリーの概要

ISO14000ファミリーの開発状況は、表2－1の通りである。以下に主だった規格を見ていく。

まず、環境マネジメントシステム(EMS)に関する規格が、ISO14001：2004(環境マネジメントシステム——要求事項及び利用の手引)とISO14004：2004(環境マネジメントシステム——原則、システム及び支援技法の一般指針)等である。共に1996年9月に発行されて、2004年に改訂された。ISO14001は環境マネジメントシステム構築のために企業が満たさねばならない要求事項に関する規格である。ISO14004は環境マネジメントシステムを構築する上でのガイドラインを提供するものであり、認証監査時の監査対象とはならない。

環境監査(EA)を行うための指針としては、当初、環境監査の一般原則を述べたISO14010(環境監査の指針——一般原則)、監査手順や環境マネジメントシステムの監査に関するISO14011(環境監査の指針——監査手順：環境マネジメントシステムの監査)、環境監査員の資格基準に関するISO14012(環境監査の指針——環境監査員のための資格基準)が、いずれも1996年10月に発行された。その後、2002年には環境監査に関する規格が品質監査の規格と統合され、ISO19011：2002(品質及び／又は環境マネジメントシステム監査のための指針)として発行されている。なお、このため、従来、TC207が作成する規格がISO14000台のために環境ISOをISO14000シリーズと呼んでいたのを、以後ISO14000ファミリーと呼ぶようになった。[14]

環境に配慮した商品・サービスであることを主張する際の要求事項の規格化である、環境ラベル(EL)に関する規格が、ISO14020：2000(環境ラベル及び宣言——一般原則)、ISO14021：1999(環境ラベル及び宣言——自己宣言による環境主張(タイプⅡ環境ラベル表示))、ISO14024：1999(環境ラベル及び宣言——タイプⅠ環境ラベル表示)、ISO14025：2006(環境ラベル及び宣言——タイプⅢ環境宣言——原則及び手順)である。

環境マネジメントシステムにより環境に及ぼす影響がどのように改善されたかを評価する方法の標準化である、環境パフォーマンス評価(EPE)に関する規格が、ISO14031：1999(環境パフォーマンス評価——指針)とISO／TS14033(定量的環境情報——指針及び事例)(AWI段階、2009年11月時点)である。

第Ⅰ部　マネジメントの展開と新潮流〈理論編〉

表2-1　ISO14000ファミリーの開発状況

(2009年11月13日時点)

担当 TC/SC	規格番号	JIS規格名称/ISO規格名称	発行状況	JIS化状況	備考
TC207/SC1	ISO14001：2004	環境マネジメントシステム——要求事項及び利用の手引	2004.11.15	JIS Q 14004：2004	2008年"確認"
	ISO14004：2004	環境マネジメントシステム——原則、システム及び支援技法の一般指針	2004.11.15	JIS Q 14004：2004	2008年"確認"
	ISO14005	環境マネジメントシステム——段階的適用の指針	DIS 段階		2010年発行予定
	ISO14006	環境マネジメントシステム——エコデザインの指針	CD 段階		2012年発行予定
TC207/SC2	ISO14015：2001	環境マネジメント——用地及び組織の環境アセスメント(EASO)	2001.11.15	JIS Q 14015：2002	2007年"確認"
TC207/SC3	ISO14020：2000	環境ラベル及び宣言——一般原則	2000.09.15	JIS Q 14020：1999	
	ISO14021：1999	環境ラベル及び宣言——自己宣言による環境主張(タイプⅡ環境ラベル表示)	1999.09.15	JIS Q 14021：2000	追補作成中(DIS段階)
	ISO14024：1999	環境ラベル及び宣言——タイプⅠ環境ラベル表示——原則及び手続	1999.04.01	JIS Q 14024：2000	
	ISO/TR 14025：2000	環境ラベル及び宣言 タイプⅢ環境宣言	2000.03.15	TR Q 0003：2000	
	ISO14025：2006	環境ラベル及び宣言——タイプⅢ環境宣言——原則及び手順	2006.07.01	JIS Q 14025：2008	
TC207/SC4	ISO14031：1999	環境マネジメント——環境パフォーマンス評価——指針	1999.11.15	JIS Q 14031：2000	改正作業に着手
	ISO/TR 14032：1999	環境マネジメント——環境パフォーマンス評価(EPE)の実施例	1999.11.15		2009年6月廃止
	ISO/TS 14033	定量的環境情報——指針及び事例	AWI 段階		2009年6月、規格化 NWIP 可決
TC/207SC5	ISO14040：1997	環境マネジメント——ライフサイクルアセスメント——原則及び枠組	1997.06.15	JIS Q 14040：1997	ISO14040及びISO14044として再編
	ISO14040：2006	環境マネジメント——ライフサイクルアセスメント——原則及び枠組	2006.07.01		2009年度JIS発行予定
	ISO14041：1998	環境マネジメント——ライフサイクルアセスメント——目的及び調査範囲の設定並びにインベントリ分析	1998.10.01	JIS Q 14041：1999	ISO14040及びISO14044として再編
	ISO14042：2000	環境マネジメント——ライフサイクルアセスメント——ライフサイクル影響評価	2000.03.01	JIS Q 14042：2002	ISO14040及びISO14044として再編
	ISO14043：2000	環境マネジメント——ライフサイクルアセスメント——ライフサイクル解釈	2000.03.01	JIS Q 14043：2002	ⅠISO14040及びISO14044として再編
	ISO14044：2006	環境マネジメント——ライフサイクルアセスメント——要求事項及び指針	2006.07.01		2009年度JIS発行予定
	ISO14045	環境効率評価——原則及び要求事項	WD 段階		
	ISO/TR 14047：2003	環境マネジメント——ライフサイクルインパクトアセスメント——ISO14042の適用の例	2003.10.01		
	ISO/TS 14048：2002	環境マネジメント——ライフサイクルアセスメント——データ記述書式	2002.04.01	TS Q 0009：2004	

第2章　環境経営を巡る理論と規格

	ISO/TR 14049：2000	環境マネジメントライフサイクルアセスメント――目的及び調査範囲の設定並びにインベントリ分析のJIS Q 14041に関する適用事例	2000.03.15	TR Q 0004：2000	
	ISO XXXX	ウォーターフットプリント――原則、要求事項及び手引	PWI 段階		2009年6月、規格化 NWIP 可決
TC207/TCG (旧 SC6)	ISO14050：2002	環境マネジメント――用語	2002.05.01	JIS Q 14050：2003	
	ISO14050：2009	環境マネジメント――用語	2009.02.09		
TC207/SC7 (旧 WG5 及び WG6を含む)	ISO 14064-1：2006	温室効果ガス――第1部：組織における温室効果ガスの排出量及び吸収量の定量化及び報告のための仕様並びに手引	2006.03.01		定期見直し中 2009年度 JIS 発行予定
	ISO 14064-2：2006	温室効果ガス――第2部：温室効果ガス排出量削減又は吸収量増大の定量化、監視及び報告に関する仕様と指針	2006.03.01		定期見直し中 JIS 化作業中
	ISO 14064-3：2006	温室効果ガス――第3部：温室効果ガス排出量に関する主張の有効性審査及び検証の仕様と指針	2006.03.01		定期見直し中 JIS 化作業中
	ISO14065：2007	温室効果ガス――認定又は他の承認形式での使用のための温室効果ガスに関するバリデーション機関、検証機関に対する要求事項	2007.04.15		JIS 化作業中
	ISO14066	温室効果ガス――温室効果ガス有効化審査員・検証員の力量に対する要求事項	CD 段階		2011年発行予定
	ISO14067-1	製品のカーボンフットプリント――算定方法	WD 段階		2011年発行予定
	ISO14067-2	製品のカーボンフットプリント――表示方法	WD 段階		2011年発行予定
	ISO/TR14069	組織のカーボンフットプリント――活動データに関するISO14064-1に対する技術的手引	AWI 段階		2009年6月、規格化 NWIP 可決
TC207/WG2	ISO/TR 14061：1998	森林経営組織が ISO14001 及び ISO14004環境マネジメントシステム規格を使用する際の情報	1998.12.15		2006年1月廃止
TC207/WG3	ISO/TR 14062：2002	環境適合設計	2002.11.01	TR Q 0007：2008	2008年7月、再公表
TC207/WG4	ISO14063：2006	環境コミュニケーション	2006.08.01	JIS Q 14063：2007	定期見直し中
TC207/WG7 (旧 WGI)	ISO Guide64：1997	製品規格に環境側面を導入するための指針	1997.03.01	JIS Q 0064：1998	
	ISO Guide64：2008	製品規格で環境課題を取り扱うための指針	2008.08.27		JIS 化作業中
TC207/WG8	ISO14051	マテリアルフローコスト会計――一般枠組み	CD 段階		2011年発行予定
TC176/SC3-TC207/SC2 JWG	ISO19011：2002	品質及び/又は環境マネジメントシステム監査のための指針	2002.10.01	JIS Q 19011：2003	ISO10011-1、-2、-3 及び ISO14010、14011、14012 と置き換え 改正作業中
	ISO19011	マネジメントシステム監査のための指針	CD 段階		2011年発行予定

注1：略語の意味
　　NWIP：New Work Item Proposal(新業務項目提案)
　　PWI：Preliminary Work Item(予備業務項目)
　　AWI：Approved Working Item(承認済み業務項目)
　　WD：Working Draft(作業文書)
　　CD：Committee Draft(委員会原案)
　　DIS：Draft International Standard(国際規格案)
　　FDIS：Final Draft International Standard(最終国際規格案)
注2：アミカケ部分は廃止又は改正版が発行された規格。
出所：日本規格協会のHP(http://www.jsa.or.jp)より。

第Ⅰ部　マネジメントの展開と新潮流〈理論編〉

　企業活動が環境に及ぼす影響を生産過程からだけではなくさらに拡大し、原材料採取から生産、流通、販売、使用、廃棄に至る製品のライフサイクル全般にわたり環境への負荷を考慮しその負荷を最小にするための手法を追及するための、ライフサイクルアセスメント（LCA）に関する規格が、ISO14040：2006（ライフサイクルアセスメント──原則及び枠組み）、ISO14044：2006（ライフサイクルアセスメント──要求事項及び指針）等である。

　温室効果ガスの測定と検証に関する規格が、ISO14064-1：2006（温室効果ガス──第1部：組織における温室効果ガスの排出量及び吸収量の定量化及び報告のための仕様並びに手引）等であり、環境適合設計に関する技術レポートとしてISO／TR14062：2002が2002年末に発行された。また、環境コミュニケーションに関する規格として、ISO14063：2006が発行され、環境会計のマテリアルフローコスト会計に関する一般枠組みの規格としてISO14051が2011年に発行予定となっている。

　そして、環境ISOに関する用語と定義を解説したのが、環境ISOに関する辞書的規格であるISO14050：2009である。

　以上のように、ISO14000ファミリーの中核をなすISO14001をはじめ、環境マネジメントシステムの運用を支援する環境監査、環境パフォーマンス評価、環境コミュニケーション、また環境にやさしい製品・サービスの開発・普及を支援する環境ラベル、ライフサイクルアセスメント、環境適合設計等に関する規格の開発と整備が進んできた。

ISO14001の概要

　ここでは、ISO14000ファミリーの中で中核的な規格であるISO14001を取り上げる。

　ISO14001：2004（環境マネジメントシステム──要求事項及び利用の手引）の全体は、「序文」、「1．適用範囲」、「2．引用規格」、「3．用語及び定義」、「4．環境マネジメントシステム要求事項」、「附属書」から構成されている。この規

格全体の目的は序文に記されているように「社会経済的ニーズとバランスをとりながら環境保全及び汚染の予防を支えること」であり、「あらゆる種類・規模の組織に適用し、しかも様々な地理的、文化的及び社会的条件に適応するように意図されている」。環境マネジメントシステムとは、「組織のマネジメントシステムの一部で、環境方針を策定し、実施し、環境側面を管理するために用いられるもの」であるが、方針及び目的を定め、その目的を達成するために用いられる相互に関連する要素の集まりで、組織の体制、計画活動、責任、慣行、手順、プロセス及び資源を含むものである。ISO14001の認証取得の対象となる規格要求事項が「4．環境マネジメントシステム要求事項」である。この要求事項は、4.1一般要求事項、4.2環境方針、4.3計画、4.4実施及び運用、4.5点検、4.6マネジメントレビュー、の6項目からなっている。つまり、ISO14001のシステムモデルはデミングサイクルともいわれるPDCA〔Plan(環境方針、計画)―Do(実施及び運用)―Check(点検)―Action(マネジメントレビュー)〕のサイクルを取り入れたものとなっており、「環境方針」を定めそのための「計画」を立て、それを「実施及び運用」し、その結果に対し「点検」を施し、さらに「マネジメントレビュー」を行い、それを新たな「環境方針」へと繋げていくという一連の取り組みにより、継続的改善へとスパイラル・アップすることが目指されている。

　こうして環境マネジメントシステムが構築されると、審査登録機関の審査を受ける前にまず企業内部の担当者による「内部監査」により、自社の環境マネジメントシステムの検討が行われ、その上で審査登録機関による「外部監査」を受けることとなる。そして、ISO14001の規格基準に適合していれば審査登録されるのである。こうした全社的な取り組みにより「環境パスポート」を当該企業は手にするわけだが、審査登録後の対応の重要性も看過してはならない。環境ISOでは審査登録後にもサーベイランスと呼ばれる定期的な事後審査等があり、常にシステムの維持と改善に全社的に取り組んでおかねばならないのである。つまり、絶えざる継続的改善への努力、そのための経営者のリーダー

第Ⅰ部　マネジメントの展開と新潮流〈理論編〉

シップの発揮、内部監査の形骸化の回避等が重要となるのである。そして、現代企業は環境マネジメントシステムの維持・継続的改善を図ることで、経営管理においては、これまでの公害防止活動に対応した環境管理から、より広い視野に立つ総合的な環境マネジメントへと移行していくことが望まれる。つまり、「経営者のリーダーシップによる環境重視の経営、環境方針の表明からPDCAのサイクルを回して継続改善を図り、源流での環境影響の未然防止活動を重視し、かつ製品のライフサイクルにわたる環境影響・環境側面を徹底的に考慮する製品開発マネジメントを行う"総合的環境マネジメント"を目指すことが期待」(15)されているのである。環境保全型の企業システムの構築が求められている現代企業は、ISO14001に見られるような環境マネジメントシステムの構築を契機に、総合的な環境マネジメントに取り組み、全社をあげて環境経営を構築していかねばならないのである。

改訂版 ISO14001：2004 とマネジメントシステムの統合

2004年11月15日にISO14001：1996とISO14004：1996は見直しされ、ISO14001：2004とISO14004：2004として改訂・発行され、同年12月27日にJIS版としてJIS Q 14001：2004とJIS Q 14004：2004が発行された。特に、ISO14001改訂の主要なポイントは、要求事項の明確化とISO9001との両立性の向上である。要求事項の明確化としては、法的及びその他要求事項の遵守に関わる管理の強化、適用範囲内のすべての環境側面の考慮、間接的な環境側面への対応の徹底であり、ISO9001との両立性の向上に関しては、多くの用語の定義をISO9000から引用し、「内部監査」、「マネジメントレビュー」等の各項の要求事項の記述面やJIS化での訳語の統一によるISO9001との両立性を図ることである。(16)因みに、ISO14001の次期改訂版の発行は2015年頃になる見通しである。

2000年にISO9001が改訂され、ISO14001に既にかなり歩み寄ったが、ISO14001の改訂で監視・測定機器の管理を除き、両者の共通マネジメントシ

ステム要素の両立性は十分確保されることとなり、品質と環境を統合一体化したマネジメントシステムの構築が可能になった。今後は、品質、環境、労働安全衛生、情報セキュリティ、CSR 等のマネジメントシステムの統合が目指され、審査登録機関からの統合（複数）審査を受ける企業も増えることであろう。製品規格や試験規格と異なり、マネジメントシステム規格として登場した 1980 年代の第 1 世代（品質）、1990 年代の第 2 世代（環境、安全衛生、情報セキュリティ）、2000 年代の第 3 世代（社会的責任）のマネジメントシステム規格に対する統合的システム構築も今後は問われる。統合マネジメントシステムのメリットとしては、業務効率の改善、運用負担と審査コストの軽減、個別のマネジメントシステムの統合業務による組織横断的なコミュニケーションの向上等も期待される。企業は ISO 認証取得を契機に、経営トップのリーダーシップの下、全社員を巻き込んだ意識改革、継続的改善に努め、環境保全、コストダウン等による経営基盤の強化に繋げ、企業価値を高め、持続可能な企業経営を企図すべきである。

ISO 規格の可能性と限界

環境マネジメントシステムを企業に導入することのメリットには、企業イメージのアップ、省エネや廃棄物削減によるコストダウン、国際取引上の優位性、人の健康及び環境の質の維持と改善、利害関係者からの信頼、競争優位性と経済的利益の獲得、資源の有効利用、従業員の環境意識の高揚等が挙げられるが、ISO14004「環境マネジメントシステム──原則、システム及び支援技法の一般指針」（日本工業標準調査会審議(1996 年 b)）の「0.3　環境マネジメントシステムをもつことの利点」では、効果的な環境マネジメントシステムに伴う潜在的利益として、提示する環境マネジメントへの関与を顧客に保証すること、一般の人々又は地域社会と良好な関係を維持すること、投資家の基準を満たし資金調達を改善すること、妥当な経費で保険がかけられること、イメージ及び市場占有率を高めること、販売者の認証基準に適合すること、原価管理を改善する

第Ⅰ部　マネジメントの展開と新潮流〈理論編〉

```
                                    (N＝1,837)              (%)
社員の意思統一による、環境意識の向上 ████████████████████ 85.5
目標管理の徹底による環境負荷低減    ████████████████████ 84.5
省資源・省エネルギー等によるコストの削減 ████████████████ 68.5
対外的信用の向上                    ██████████████ 61.7
内部、外部のコミュニケーションが円滑になった ██████████ 47.0
組織のブランド価値向上              ██████ 28.5
メリットがなかった                  █ 4.5
その他                              ▏ 1.8
回答なし                             0.0
```

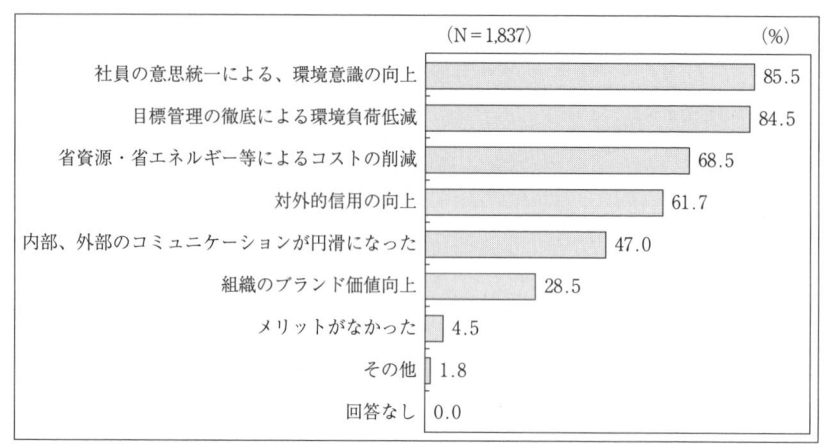

図2－1　ISO14001の認証取得による効果(複数回答)
出所：環境省(2008)p.3。

こと、責任にいたる発生事象を減らすこと、妥当な配慮を示すこと、投入原材料及びエネルギーを節約すること、許認可の取得を容易にすること、開発を促進し環境上の解決策を共有すること、産業界と政府の関係を改善すること、を挙げている。実際のISO14001の認証取得による具体的効果としては、図2－1によると「社員の意思統一による、環境意識の向上」(85.5％)、「目標管理の徹底による環境負荷低減」(84.5％)、「省資源・省エネルギー等によるコストの削減」(68.5％)、「対外的信用の向上」(61.7％)、「内部、外部のコミュニケーションが円滑になった」(47.0％)、「組織のブランド価値向上」(28.5％)等を多くの企業は挙げており、「認証取得にかかる費用の割にメリットがない」との回答は4.5％に過ぎなかった。企業は環境マネジメントシステムを導入することで、こうした多くの潜在的利益や具体的効果を享受できる可能性があり、ひいては各企業の環境マネジメントシステム導入によるこうした取り組みが今後、環境調和型社会を構築する上でも大きなインプリケーションをもつ。

　ISO規格はこうした大きな可能性を有する一方で、その性格、内容から以下のような限界ないし問題点をも孕んでいるといわれる[18]。まず第1は、ISO規格

は法的拘束力をもつわけではなく、環境パフォーマンスに関する絶対的要求事項を規定するものではないということである。環境マネジメントシステムを導入した企業はその継続的改善に努めるわけだが、その具体的取り組みは企業の自主的対応に委ねられ、その企業の環境実績の水準や環境対策の適切さを保証したり、達成すべき環境基準や導入すべき環境対策を規定しているわけではなく、あくまで導入されたシステムが規格の要求事項を充足していることを示しているに過ぎないのである。第2は、先に見たように、EMASでは環境声明書の公開が義務づけられているのに対し、ISO規格では環境方針の公開は義務づけている(4.2)が、その他の環境情報の公開は企業の自主的対応に委ねられている点である。環境保全への関心の高まりと経営の透明性の確保のためのディスクロージャーとアカウンタビリティの必要性を背景に、今後は環境保全への取り組みや環境パフォーマンスの改善の実績結果に関する環境情報の開示が企業により一層求められてくることであろう。第3は、環境マネジメントシステムの導入に伴う煩瑣な業務と間接経費の発生の問題である。システムの導入と運用には大量の文書類、手順書、記録類の作成が要求され、企業には資金、要員、技術等の多くの経営資源の投入負担がかかることとなり、多額の環境対策経費のみならず大量の間接業務、間接経費が発生し、特にISO規格に準拠して初めてシステムを導入する中小企業には大きな負担となると思われる。自社の実情に応じたシステムの導入を図り、現実に可能な領域からの環境行動の実施が求められよう。第4は、環境マネジメントシステムを構築し一旦審査登録されると、自己満足に陥りシステムの見直しが等閑視されがちとなることである。こうした弊害を打破するためには、内部監査の充実、従業員に対する環境教育の推進・充実、構築したシステムと日常業務との乖離の解消に努めると共に、経営者の強力なリーダーシップによるシステムの絶えざる見直し努力が欠かせないものとなろう。第5は、環境マネジメントシステムの構築というミクロの企業レベルでのISO規格が、大量生産・流通・消費・廃棄システムといったマクロの社会経済システムの変革に及ぼす影響力の問題である。特に、

第Ⅰ部　マネジメントの展開と新潮流〈理論編〉

環境問題の抜本的解決に必要となる高度な経済活動を見直し、人々の価値観やライフサイクルを環境調和型にシフトさせていくことの必要性に関してはISO規格では言及されていない。ただ、現下の環境問題には、ミクロとマクロの両レベルでの解決法が並行して有機的・体系的に模索されていく必要があるが、ISO規格が、国民、企業、自治体、政府の意識変革に寄与していることは確かであろう。

　以上、ISO規格の可能性、限界ないし問題点を探ってきたが、ISO14001に代表されるPDCAサイクルによるマネジメントシステムの企業の現場での普及・浸透により環境経営の構築と展開のベースが作られた。ISO14001は環境管理の継続的活動及び環境実績の継続的向上を求め、環境管理を全体的経営管理に統合する環境マネジメントシステムの構築を求めているのであり、この規格の登場は既存の企業パラダイムの変革を促す契機となったことは確かであろう。

ISO14000ファミリーと今後の展望

　ISO14000ファミリーは、環境マネジメントシステム(EMS)に関する国際規格であるISO14001を中核に、環境マネジメントシステムの運用を支援する、環境監査・環境パフォーマンス評価・環境コミュニケーション、また環境にやさしい製品・サービスの開発と普及を支援する環境適合設計(DfE)・ライフサイクルアセスメント(LCA)・環境ラベル等に関する規格の整備が進み、環境マネジメントシステム及びその支援ツールの規格開発が行われてきた。環境マネジメントの支援ツールは個別にはなお改善の余地はあるものの、環境負荷の測定・改善とその結果報告といった環境保全活動プロセスとそのシステムはほぼ体系化された[19]。

　1996年の発行以来の普及傾向を日本工業標準調査会審議(2004a)は、「フェーズⅠ(1996〜2000)：法順守に基づく従来の公害対策から自主的な環境マネジメントに移行。特定の産業分野中心で、事業所単位の審査登録が多く、環境側面

の管理範囲も狭かった。フェーズⅡ(2001~2004)：自主性が強化され、全分野へ広がり、品質マネジメントとの統合的実施、企業単位の審査登録が増え、中小組織にも拡大した。単なる審査登録だけでなく、間接的な環境側面への広がりなど、システムの実効を求める組織が増えている。フェーズⅢ(2005~)：改訂版規格に基づき、ステークホルダーの関心に注意を払い、より広範な環境マネジメントシステムへの移行が予想される」と整理している。そして、ISO／TC207の使命を、環境マネジメントに関する社会的ニーズの動向を的確に把握し、地球規模でのISO14000ファミリーへの参加を促し、ISO14000ファミリーの妥当性を維持し、ISO14000ファミリーのブランドを守ることと述べ、ISO／TC207の将来的な活動分野として持続可能性、システムの統合等への広がりを示している。

ISO14001は企業の現場でPDCAサイクルによるマネジメントシステムの普及に寄与し、その普及と浸透度合いからも、今後、企業が持続可能なマネジメントシステムのマネジメント・サイクルを構築する際のベースとなり得ると思われる。

3　環境経営に関する国内規格
　　　——エコステージ、エコアクション21、KES——

エコステージは、環境経営の強化を目的に産学連携組織であるエコステージ協会が開発したシステムで、環境経営の導入レベル(エコステージ1)から高度なレベル(エコステージ5)までの環境経営の取り組みを支援する、いわば企業の発展段階別の環境経営評価・支援システムである。その意味で、資金・人材面で負担となりがちな零細・中小企業から環境マネジメントシステムの高度化を目指す企業まで、企業の実情に合わせ採用でき、順次ステージ・アップを目指せる規格となっている。エコステージの認証は、国内の多くの企業が有効な第3者認証として評価し、グリーン調達ガイドライン等で調達先企業に対し認証取得を要請している。

第Ⅰ部　マネジメントの展開と新潮流〈理論編〉

```
┌─────────────────────────────────────────────┐
│ エコステージ5：内部統制システムの構築とCSRの実現          │ ←
│           コンプライアンス、リスク、サプライチェーン等のマネジメ │
│           ントの実現、CSRの実現                        │
├─────────────────────────────────────────────┤
│ エコステージ4：統合マネジメントシステムの構築と明確なパフォーマンス改善│ ←
│           環境経営システムに品質、人事、セキュリティー、財務等のマ│
│           ネジメントシステムが融合                      │
├─────────────────────────────────────────────┤
│ エコステージ3：環境経営の成熟                          │ ←
│           環境経営を浸透させた業務プロセスの構築            │
│           継続的な業務プロセス改善の実施                 │
├─────────────────────────────────────────────┤
│ エコステージ2：環境経営の基礎                          │ ←
│           環境経営システムの構築                       │
│           PDCAサイクルに基づいた「重点環境管理課題項目」の改善と│
│           運用                                   │
├─────────────────────────────────────────────┤
│ エコステージ1：環境経営の導入                          │ ←
│           環境経営システムの基本骨格が構築               │
│           環境と経営の改善活動が展開                    │
└─────────────────────────────────────────────┘
```
　　　　　　　　　　　エコステージ評価員による支援及び評価

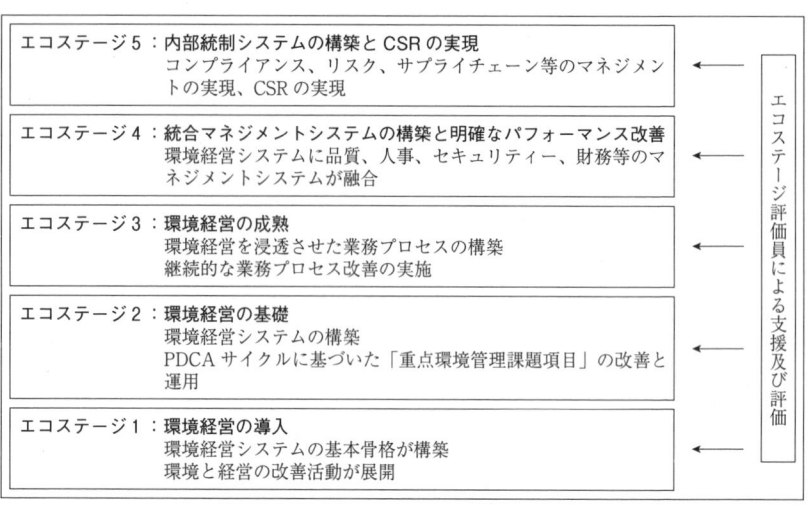

図2－2　エコステージの5段階(ステージ)
出所：エコステージ協会のHP(http://www.ecostage.org)より。

　図2－2のように、5段階のステージは、エコステージ1は環境経営導入レベルでISO14001の主要部分のシステム構築・運用レベルで、比較的容易に取得コストも抑えられ認証取得が可能であり、資金難の零細・中小企業に配慮したものとなっている。エコステージ2はISO14001とほぼ同じレベルのシステム構築・運用ができている環境経営の基礎が形成されたレベルである。エコステージ3はシステム改善を進める環境経営成熟レベル、エコステージ4は統合マネジメントシステム構築とパフォーマンス改善を進めるレベル、エコステージ5は内部統制システムの構築とCSR対応を組み込んだ高度なレベルとなる。特に、エコステージ3、4では、エコステージ2のISO14001レベルのシステム構築・運用から、業務プロセスの改善、さらに統合マネジメントシステムの構築とパフォーマンス改善へと経営管理システムの高度化が、またエコステージ5では内部統制システムやCSRマネジメントを視野に入れ、CSR報告書の発行等、より高度なシステム構築・運用のレベルとなる。現在、各社が環境経営からCSR経営へと拡大・進化を模索する中、エコステージ3、4、5規格

は今後企業が構築した既存の環境マネジメントシステムをベースに更なる業務・パフォーマンス改善を図り、CSR マネジメントシステムへと発展させていく上で重要な指針となり得る。

エコステージ 1、2、3 は基本的にシステムのみで評価され、エコステージ 4、5 はシステム評価に加え、パフォーマンス評価がなされる。なお、システム評価は構築レベルと実行レベルに分けてなされる。評価員が支援と評価を行うが、学識経験者や NPO により構成される第 3 者評価委員会が認証書と第 3 者意見書を発行する。因みに、認証サイト件数は合計で 1335 件で、ステージ 1 が 1119 件、ステージ 2 が 206 件、ステージ 3 が 10 件で、ステージ 4 とステージ 5 はそれぞれ 0 件である(2009 年 10 月末時点)。

エコステージは企業の発展段階別の環境マネジメント対応、さらには今後 CSR マネジメントへと拡大・進化を遂げる現場のマネジメント対応の 1 つの指針として参考になるものと思われる。

他に、中小企業向け規格としては、1996 年に環境省が策定し、2004 年に全面改訂されたエコアクション 21(EA21)がある。「環境への取り組みを効果的・効率的に行うシステムを構築・運用・維持し、環境への目標を持ち、行動し、結果を取りまとめ、評価し、報告する」方法として、環境省が策定したエコアクション 21 ガイドラインに基づく、認証・登録制度である。これは、システム面ではいわば ISO14001 の簡易版だが、システム構築・運用に加え環境活動レポートの作成・公表も要求され、パフォーマンスの把握、環境活動結果の公表の要求等、パフォーマンス重視の規格となっているのが特徴である。認証登録件数は 3977 件(2009 年 9 月末時点)となっているが、そのうち 100 人以下の事業者が約 9 割を占める。

また、2001 年に「京のアジェンダ 21 フォーラム」により中小企業・団体向け規格として開発され、2007 年からは特定非営利活動法人・KES 環境機構が運営する KES 審査登録制度がある。KES も ISO14001 の簡易版で、取り組みの初期段階がステップ 1、ISO14001 認証取得を目標とする段階をステップ 2

とし、組織の判断でどちらかを選択すればよいとしている。審査登録件数は3002件(2009年9月末時点)となっている

以上、国内の規格として、エコステージ、エコアクション21、KESを見てきたが、環境マネジメントシステムは、企業の規模、特性、目的、資金力等の様々な条件に照らして現実的に構築し、それに見合った規格を選び、認証登録を受けるのも特に零細・中小企業では現実的といえよう。

4 むすび

1では環境経営に関する理論として、環境戦略・組織の類型化に関する研究、環境パフォーマンスと経済パフォーマンスの相関関係に関する実証研究、環境経営に関するマネジメント論による体系的研究のそれぞれの動向を整理・検討した。2では環境経営に関するISO規格に関し、環境ISOの規格化の経緯、ISO14000ファミリーの概要、ISO14001の概要、改訂版ISO14001：2004とマネジメントシステムの統合、ISO規格の可能性と限界、ISO14000ファミリーと今後の展望について論及した。3では環境経営に関する国内規格としてエコステージ、エコアクション21、KESを取り上げた。

1で得られた知見では、環境経営に関する研究として、環境戦略・組織類型化等の理論の深化、環境経営の環境パフォーマンスと企業業績に関する実証研究での測定方法の開発等における環境パフォーマンスと一部の組織特性との関係の明確化、環境経営学体系化の試み等が進展してきた。また、2、3で検証したように、環境経営に関するISO規格や国内規格も整備され、環境マネジメントシステムは企業の現場で普及・浸透してきた。

現代企業が既存の環境マネジメントシステムをベースに、環境経営からCSR経営へ、さらには持続可能な企業経営へと進化しつつある中で、研究面では環境経営研究からCSR・サステナビリティ研究への拡大・進化が問われる。ISO14000ファミリーの今後の方向性、統合システム化に向けた動き、

CSR 経営への拡大・進化、トータル概念としてのサステナビリティへの企業の対応等を勘案すると、環境経営とCSR 経営を統合した理論フレームワークの構築が必要となろう。

---

(1) 因みに、経営学史学会編(2002)は、既存の経営学は長く自然環境を捨象してきたが、今後は経営環境論や社会的責任論が扱ってきた利害者集団論を超えて自然環境そのものと直接対峙し、内包して理論化することが要請されており、こうしたことは従来、経営学史研究では対象外であった、と述べている(p. 157)。
(2) 以上、金原・金子(2005)pp. 18-19。
(3) 主に、金原・金子(2005)、天野他編著(2006)、金原・藤井(2009)、豊澄(2007)等を参照した。
(4) 以下のポーター仮説の支持・不支持の研究成果に関しては、主に金原・金子(2005)、金原・藤井(2009)等を参照。
(5) TRI(Toxics Release Inventory：有毒廃棄物総量)。1968 年に米国環境保護庁が約320 種に及ぶ有害化学物質の排出量の届出を企業に義務づけた。
(6) ROE(Return on Equity：自己資本利益率)、ROA(Return on Assets：総資産利益率)、ROS(Return on Sales：売上高利益率)。
(7) ROCE(Return on Capital Employed：使用資本利益率)。
(8) 例えば、金原・藤井(2009)p. 5。
(9) 貫・奥林・稲葉編著(2003)p. 170。
(10) 既存の企業論研究の中でも企業と公害等の環境問題に関して論じられてきたが、今日的な意味での環境経営学の体系化は 2000 年以降からといえよう。因みに、2000 年以前にも「経営環境論」の体系的研究としては、米花(1970)、小林(1990)、小椋編(1998)等があり、環境問題と企業責任に関する体系的研究しては鈴木(1994)等を挙げておきたい。
(11) 環境 ISO の規格化の経緯に関しては、主に野口(1995)、吉澤・福島編著(1996)、平林・笹(1996)、佐々木編著(1997)、萩原(1998)、日本経営学会編(1998)、鈴木編著(2000)、中丸(2002)等を参照した。
(12) 1947 年に設立された国際的に適用させる規格や標準類を制度化するための非政府機関で、本部はスイスのジュネーブにある。物質及びサービスの国際貿易を容易にし知的・科学的・技術的・経済的活動分野における国際間の協力を助長するために世界的な標準化とその関連活動の発展を企図することを目的とする。日本の加盟は 1952 年で、工業国としての実績から理事会の永久構成員としての地位を確保しているが、一国一機関が原則のため日本からは日本工業規格(JIS)を調査・審議す

第Ⅰ部　マネジメントの展開と新潮流〈理論編〉

る日本工業標準調査会(JISC)が代表機関として登録されている。
(13)　佐々木編著(1997)p. 69。
(14)　吉澤編著(2005)p. 165。
(15)　吉澤・福島編著(1996)p. 11。なお、吉澤は環境 ISO と品質 ISO のシステムを、TQC(Total Quality Control：全社的品質管理)から発展したTQM(Total Quality Management：総合品質管理)を加え、統合した「環境品質経営」や「環境保証」というコンセプトを提唱している。因みに、環境保証とは「製品やサービスを含めて企業活動全般について地球環境への影響・負荷を低減し、環境保全に最善を尽くしているという信頼と安心を全関係者に与える体系的な活動」(吉澤・福島編著(1996)p. 7)である。
(16)　以上、日本工業標準調査会審議(2004a)、吉澤編著(2005)、日本規格協会のHP (http://www.jsa.or.jp)等を参照。
(17)　以上、矢野・平林(2003)、辻井(2004)等を参照。
(18)　ISO 規格の内包する限界に関しては、主に片岡他編(1998)、日本経営学会編(1998)、中丸(2002)等を参照した。
(19)　例えば、國部他(2007)p. 13。なお、同書は、環境経営システムの構成のための3条件として、企業の環境経営理念、環境経営を実行するマネジメント技術、環境経営企業を支援する市場メカニズムの整備を挙げ、今後は特に環境経営を評価・支援する市場社会の構築が鍵となると論及している(pp. 1-22)。
(20)　日本工業標準調査会審議(2004a)p. 24。
(21)　同書、p. 26。
(22)　以下、エコステージ、エコアクション21、KESに関しては、主にエコステージ協会(2006a)、エコステージ協会(2006b)、エコステージ協会(2006c)、エコステージ協会のHP(http://www.ecostage.org)、足立・所編著(2009)pp. 80-84、エコアクション21のHP(http://www.ea21.jp)、環境省(2004)、KES環境機構のHP(http://www.keskyoto.org)等を参照。
(23)　詳しくは、エコステージ協会(2006a)、エコステージ協会(2006b)、エコステージ協会(2006c)、エコステージ協会のHP(http://www.ecostage.org)等を参照されたい。
(24)　詳しくは、エコアクション21のHP(http://www.ea21.jp)、環境省(2004)等参照されたい。
(25)　詳しくは、KES環境機構のHP(http://www.keskyoto.org)等を参照されたい。

第3章
CSR を巡る理論と規格

 本章では、まず CSR を巡る理論研究を欧米と日本の研究動向から整理・検討した上で、CSP に関する研究、ステイクホルダー・マネジメントに関する研究も考察し、CSR マネジメント・プロセスという視角から今後の展望を行う。次に、CSR に関する様々な規格の整備状況及び ISO26000 に関し論及し、ISO26000 の示唆する方向性を検討する。

1　CSR に関する理論

欧米における研究動向

〈研究の展開〉

 企業は財・サービスの提供を通じ利益を確保し、法令遵守、雇用の維持・創出、納税、配当といった基本的な社会的責任を担うが、昨今では社会的公器としての環境改善や CSR による積極的関与と持続可能な経済社会の実現に向けた役割や貢献が注視されている。

 企業の社会的役割には、財・サービスを社会に供給する社会的使命、社会的責任、社会貢献等がある[1]。今日、特に注視されてきているのが、企業の社会的責任や社会貢献である[2]。本章では、企業の社会的責任(CSR：Corporate Social Responsibility)という概念を、企業の経済的責任、法的責任、倫理的責任、社会貢献等を包含する広義の意味で以下論じていくことにする。

 今日では、企業の社会的責任という概念は豊穣で広範なインプリケーション

を有する。むろん周知のように、この古くて新しい概念に関する研究は今に始まったわけではない。企業の社会的責任論は20世紀初頭の企業の大規模化と専門経営者の誕生等を背景に論じられるようになる。イギリスの経営学を確立させたシェルドン(O.Sheldon)は、マネジメントの基本には哲学・倫理と経営者の社会的責任があると述べ、経営者の社会的責任に論及している(Sheldon(1924))。また、企業の社会的責任問題に関しては1930年代に展開された、経営者は株主にのみ責任を負うべきと主張するバーリ(A. A. Berle)と社会に対しても責任を負うべきと主張するドッド(E. M. Dodd)との有名な論争があったが、戦後バーリがドッドの主張を容認することとなる。CSRの最初の包括的解明は、社会的責任概念は公的責任・社会的義務・企業倫理を含む道徳や倫理に関わる概念であると主張するBowen(1953)である。Bowen(1953)を嚆矢として、1960年代以降アメリカの大学で「企業と社会」という学問領域が生まれ、CSRに関する研究と教育が開始されていく。1960年代のアメリカ社会での一連の公民権運動・消費者運動・環境保護運動といった各種の市民運動の広がりとそれへの企業の対応という、企業と社会との多面的な問題への解決策の提示が研究と教育の喫緊の課題と認識され始めたことが当時の社会経済的背景として挙げられよう。以後、McGuire(1963)、Davis and Blomstrom(1971)等のこの分野での体系的研究成果が公刊され、社会的責任論は多彩に展開されていくが、Anderson(1989)が述べているように統一的な定義の試みは失敗に終わり、Brummer(1991)が述べているように統一的な企業の社会的責任論は見出し得ないのが現状である。[3]

　ここでは、今後のCSRを展望する上でもこれまでの企業と社会を巡る主要な研究成果をトレースしていくことにする。

　Brummer(1991)はこれまで多様かつ学際的に展開されてきた企業の社会的責任論を①古典的理論(classical theory)：株主への責任、②利害関係者論(stakeholder theory)、③社会的要請論(social demandingness theory)：企業は社会的期待に反応すべき、④社会的活動者理論(social activist theory)：道徳・倫理と

いった規範的価値観をベースに正義・公正・自由という社会的価値観の実現を強調、のように整理・類型化している。企業の社会的責任論を巡る研究は、公害の顕在化等の社会環境の変化とともに1970～80年代以降は、Brummer(1991)の①古典的理論、②利害関係者論といった「企業→社会」という視座から、③社会的要請論、④社会的活動者理論といった「社会→企業」という視座にシフトしていく。そして、従来の抽象的な社会的責任の概念を中核とする理論では具体的な「社会的課題事項」には対応できないという批判と反省の中、Ackerman and Bauer(1976)により企業は単なる結果責任ではなく事前的かつ計画的に社会に期待され責任ある行動をとるべきであるという過程責任の概念である「社会的即応性(social responsiveness)」が提唱され、この概念を中核とするBrummer(1991)の③に相当する理論が登場してくる。また、80年代以降「企業倫理」への関心が高まり、Freeman(1984)により体系的に提示されたステイクホルダー・アプローチによって、企業倫理研究は拡大・深化していくこととなる。80年代半ば以降、経営倫理を巡る論議が活発化していく中、フレデリック(W.C.Frederick)は企業の社会的責任(CSR1)から社会的即応性(Corporate Social Responsiveness：CSR2)へ、さらに社会的道義(Corporate Social Rectitude：CSR3)へという中核概念の推移モデルを示し、企業の社会的責任の基本原理として慈善原理と受託原理を挙げ、企業は自発的に社会のために公共の受託者としての役割を担うべきだと主張している。さらに、企業の社会的責任・企業の社会即応性・経営倫理の3つの概念を統合して「経営社会政策過程」という概念から企業と社会の問題を照射したのがEpstein(1987)であり、企業と社会の理論は企業倫理や経営倫理との連関性を強めて、企業の社会的責任論の新たな展開が窺える。

　1990年代に入り価値多元性の潮流の中、従来の企業倫理論を統合するグランドセオリーを展開しようとする試みが現れ、その最も包括的な理論がDonaldson and Dunfee(1999)による統合社会契約理論である。これは人権・安全・人間の尊厳のような普遍的価値を有する「超規範」を最優先することを前

提に、各共同体でのミクロ社会契約に基づく倫理規定を設定するものである。この理論は、今後ますます国際化が進展していく中、国際経営の企業倫理問題を考察する上で重要なインプリケーションを与えている。なお、統合社会契約理論に関しては次項で詳しく論及する。

また、最近ではステイクホルダー・アプローチによる論考も多く、例えば、Post, et al.(2002)(企業と社会に関する包括的研究)、Crane and Matten(2007)(企業倫理に関する包括的研究)等のステイクホルダー別に考察した体系的研究がある。

さらに、サステナビリティ、トリプル・ボトムラインをキー概念にした体系的研究も進んでいる。Elkington(1997)によるトリプル・ボトムラインの提唱を受け、研究及び実践面での深化が行われてきた。例えば、Laszlo(2003)、Henriques and Richardson, eds.(2004)、Savitz(2006)等がある。特にSavitz(2006)は、従来のCSR論が社会が受ける恩恵にウェイトを置いてきたとし、企業が受ける恩恵に焦点を当て、持続可能な企業とは事業収益を生み出しながら、環境や社会に恩恵をもたらし長期的発展を実現できる企業と捉え、豊富なケーススタディからサステナビリティ経営の実践プランを紹介している。なお、実践面では持続可能なマネジメントのためのガイドラインとしてSIGMAガイドラインも公表されているが、サステナビリティを評価する重要なツールとなるトリプル・ボトムラインに関する統一的基準は未だ確定していない(cf. GRIガイドライン、SIGMAサステナビリティ会計ガイド、CSR会計ガイドライン等)。これはすべての指標の定量化の限界を物語るものでもあるが、全世界で数千社が既に経済・環境・社会面での自社のパフォーマンスを独自に測定・報告している(Savitz(2006))。

〈統合社会契約理論の発展〉

現在、既述したように企業と社会の理論は企業倫理との連関性を強め新たな展開を迎えているが、1990年代に入り価値多元性の潮流の中、従来の企業倫理論を統合するグランドセオリーを展開しようとする試みが現れ、その最も包

括的な理論が Donaldson and Dunfee(1999)による統合社会契約理論である。

統合社会契約理論には2つの狙いがあり、「第一は価値観を異にする国際的な共同体間の倫理的コンフリクトに対して『文化相対主義』でも『倫理絶対主義』でもない第三の道を見出すこと。これはボーダーレス時代における多国籍企業の倫理的行動の指針作りに役立つことでもある。第二にそのような見解の相違をもたらす震源である経験的なアプローチと思弁的なアプローチとを方法論的に統合する理論的枠組みを見出すことである。これは事実的な"is"と価値的な"ought"とをつなぐことである」といわれる。[7]

Donaldson and Dunfee(1999)がいう倫理とは個人的なものではなく公共性の高い規範であり当事者相互の合意を基にしたルールの体系であり、このことは個人が同時に自らの属する共同体の合意による契約に行動を規定されることを意味している。この理論は社会契約として、企業倫理の主体たる企業が属する業界・地域のようなミクロ共同体とそこでのミクロ社会契約、さらには一国あるいは国際社会というマクロ共同社会とそこでのマクロ社会契約を想定している。そして、いずれの社会契約も人権・安全・人間の尊厳のような普遍的価値を有する「超規範」を最優先することを前提に、各共同体でのミクロ社会契約に基づく倫理規定が設定されることになる。Donaldson and Dunfee(1999)は各共同体間の多元的価値体系やパラダイムのある種の共約可能性を認め、多くの相対主義者が共約不可能性を主張するのとは対照的なのだが、ミクロ共同体内ないしミクロ共同体とマクロ共同体間に倫理上の矛盾が起こり価値観の不一致が生じる場合は、ミクロ社会共同体とマクロ社会共同体間の相互コミュニケーション行為を通じ、また上位のマクロ共同体の社会契約・倫理規定に優先順位を置き、コミュニケーションと調停がなされるべきであるとみなす。この理論は、今日の価値多元化社会の中で多国籍企業が遭遇するであろう異文化経営を想定し、企業倫理問題の解決策を単なる規範ではなく、より実践度が高くインタラクティブな合意を目指すコミュニケーション的行為という視座から探り、多国籍企業の倫理規範の提示を模索している点が特徴的であり、今後の国際経

営における企業倫理問題を検討する上で示唆に富むものとなっている。[8]

この理論の問題点としては、超規範が経験的に導出されるものなのか、先験的に理論的演繹から導出されるものなのかが判然としないことである。超規範の制定は統合社会契約理論にとっては死活的に重要な問題である。超規範を抜きにした統合社会契約理論は限りなく価値・文化相対主義となり、国際ビジネスにおける対話の不在と倫理的カオス状態に陥ると懸念されるからである。この問題を解決するためにも、何らかの制度化、[9]つまり問題の調停を行う対話と調整の国際機関の制度化が必要であると指摘されている。また、この分野の今後の課題として企業倫理に関する世界的な規模での意識啓発と教育の充実の必要性が唱えられている。[10]

日本における研究動向

〈研究の展開〉

日本では、1950年代に山城章や藻利重隆等により「経営者の社会的責任」が論じられ、1960年代以降公害問題の顕在化により企業の社会的責任論が展開されていく。1974年には日本経営学会が「企業の社会的責任と株式会社企業の再検討」を統一テーマに論議している。80年代以降、高田(1989)、森本(1994)、水谷(1995)等が新たな企業の社会的責任論を展開していく。

高田(1989)はフレデリック、キャロル(A. B. Carroll)、エプスタイン(E. M. Epstein)等の経営倫理と社会的責任に関する諸説を批判的に検討した上で、倫理や道徳を社会的責任の本質と把握し道徳基準をカント(I. Kant)の定言的命令(人間行為に絶対的無条件に当てはまる命令)に基づき構築しようとした。森本(1994)はキャロル等の諸説を検討し、CSRの「組織欲求階層」論をベースに包摂的階層関係を提示する。つまり、CSRの内容は法的責任を最低次責任とし、経済的責任・制度的責任[11]・社会貢献へと順次多元化しそれとともに実践の焦点は逐次高次の責任へと移動していき、現代社会で、大企業では社会貢献が重視されるのに対し、中小企業では法的・経済的責任が中心になるのはこの責任階層

構造により理解できうると主張する。水谷(1995)は経営を巡る原理としての「効率性原理と人間性原理」及び「競争性原理と社会性原理」は相互補完的有機的関係にあり、それぞれ「経営経済性」と「経営公共性」の2つの原理に集約されるとし、その統合的原理を経営倫理の原理として確立させることを目指し、その実践化に伴う諸問題と解決策を探求している。

　これまでは全体的に欧米に比べ日本においては特に企業倫理研究の低調さが否めなかったが、日本でも以上のような企業倫理的研究がなされるようになってきた。また、2003年が「CSR元年」ともいわれたが、2000年以降、CSRに関する体系的研究が深化してきた。最近のCSRの主な体系的研究としては経済同友会(2003)、高他(2003)、水尾・田中編著(2004)、谷本編著(2004)、天野他編著(2004)、高他編(2004)、伊吹(2005)、古室他編著(2005)、谷本(2006)、松野他編著(2006)、谷本編著(2007)、倍編著(2009)、拓殖大学政経学部編(2009)等がある。今後は企業不祥事の続発、CSRへの関心の高まりもあり、企業と社会を巡る問題がより一層クローズアップされてくる中で、CSR研究の更なる発展・深化が期待される。

〈経済同友会(2003)による新たな試み〉

　今日、企業の社会的責任論は広範に展開され多彩な拡がりを有するようになってきているが、企業の現場でもCSR実践を巡り模索が続いている。ここでは、CSR実践のための新しい「企業評価基準」を提唱する経済同友会(2003)に注目してCSRの新たな展開を検討していく。

　まず、経済同友会(2003)は、企業の社会的責任を今改めて検討する必要性として、グローバル化により活動領域を広げる企業と社会が相互に与える影響度の拡大、社会が企業に注ぐ視線の厳しさの増大、過度の株主資本主義の陥穽、個人の価値観の多様化等を挙げている。国際化・情報化・少子高齢化の進展、個人の価値観の多様化、市民社会の成熟といった21世紀の経済社会の中で、企業を評価する価値基準も多様になり、企業側も社会の変化に能動的に即応し

第Ⅰ部　マネジメントの展開と新潮流〈理論編〉

企業の発展に繋げていこうとする動きが高まってきた。「今日急速な広がりを見せているCSRは、企業と社会の相乗発展のメカニズムを築くことによって、企業の持続的な価値創造とより良い社会の実現をめざす取り組みである。その中心的キーワードは、『持続可能性(sustainability)』であり、経済・環境・社会のトリプル・ボトムラインにおいて、企業は結果を求められる時代になっている」と述べている。[14]

今後の企業社会を展望する上で鍵となる重要なコンセプトが、経済同友会が提唱する「市場の進化」と「企業の社会的責任経営」である。「市場の進化」とは社会のニーズの変化、つまり市場参加者が経済価値のみならず社会価値や人間価値を重視する価値観を体現するようになることで総合的な企業価値評価が行われることを目指す概念だが、欧米での社会的責任投資(SRI：Socially Responsible Investment)のみならず「環境の世紀」を迎えグリーン・コンシューマーやエコファンドに代表されるグリーン社会の到来等に見られるように、既に現実に市場(資本市場、消費者市場、サプライチェーン市場、労働者市場等)は劇的に進化しつつある。[15] 消費者の商品選択基準も価格・品質のみならず当該企業の社会的責任をも包含するようになってきている。また、ISOでもSR規格が発行予定である。こうした状況下で、企業は従来のコンプライアンスを一歩進め、地域社会での責任ある行動、環境への取り組みに積極的に関与し、地域社会戦略と環境戦略に取り組む「社会的責任経営」の展開が重要となってきている。「社会的責任経営」を展開することにより、リスクヘッジによるリスク・マネジメントの構築、社会のニーズの先取りによる価値・市場創造、他社との差別化、企業変革等が期待でき、ひいては長期的かつ安定的な利益の確保に繋がり、ゴーイング・コンサーンとしての企業の持続的発展に結びつくと考えられる。つまり、CSRは企業にとっての「払うべきコスト」ではなく「将来への投資」と認識することが必要で、「社会的責任経営」の展開は企業の競争力の向上と持続的発展に資するものである。

そして、経済同友会(2003)は21世紀の目指すべき新たな企業像を「議論」

の段階から「実践」の段階に移行させるべく、CSR 実践のための新しい「企業評価基準」を提唱している。この評価基準は大きく5分野(市場、環境、人間、社会、コーポレート・ガバナンス)にわたる110項目から構成されている。これは CSR を実践し、持続可能な成長・発展を目指すコーポレート・ガバナンスの確立のためのツールといえるが、評価軸Ⅰは企業の社会的責任に関するものであり、「市場・環境・人間・社会」の4分野に分類されている。「市場」では持続可能な価値創造と新市場創造への取り組み、顧客に対する価値の提供、株主に対する価値の提供、自由・公正・透明な取引・競争、「環境」では環境経営を推進するマネジメント体制の確立、環境負荷低減の取り組み、ディスクロージャーとパートナーシップ、「人間」では優れた人材の登用と活用、従業員の能力(エンプロイアビリティ)の向上、ファミリー・フレンドリーな職場環境の実現、働きやすい職場環境の実現、「社会」では社会貢献活動の推進、ディスクロージャーとパートナーシップ、政治・行政との適切な関係の確立、国際社会との協調、といった責任項目が挙げられている。こうした企業の社会的責任に関する「市場・環境・人間・社会」の4分野に関する仕組みと成果を実現するための「コーポレート・ガバナンス」に関するものが評価軸Ⅱであり、「理念とリーダーシップ」、「マネジメント体制」、「コンプライアンス」、「ディスクロージャーとコミュニケーション」に関する評価基準とこの4つの面からの経営体制の確立が唱えられている。[16]

　経済同友会(2003)の唱える「社会的責任経営」は、「市場・環境・人間・社会」の4分野の仕組みと成果を適切なコーポレート・ガバナンスにより実践していくことを21世紀の新たな企業モデルとして構築することを提唱し、企業の社会的責任のカテゴリーを「市場・環境・人間・社会」といったアマルガムで広範に捉えているが、企業の社会的責任と今後の企業パラダイムを考察する上で新たな地平を拓くものとして注目できよう。

CSPに関する研究

CSR経営が企業のパフォーマンスの向上に寄与するかどうかは、CSR経営を模索する上で、重要な問題である。CSRを巡る研究の中でのこうした分野への研究動向を、ここでは見ていく。[17]

CSP(Corporate Social Performance)をCSR指標とし企業パフォーマンスとの関係、つまりCSRは企業業績向上に寄与するかということを実証研究で解明する研究は、主にこれまで海外でなされてきた。様々な研究成果が公表されているが、結論的にいえば、CSRと企業業績の向上の関連性に関しては、一貫した結論は現段階では得られていない。その理由としては、CSR指標の選択の問題と測定困難性等が指摘されている(ex. Wood(1991), Waddock and Graves(1997))が、以下、これまでの主だった研究成果を見てみよう。

Waddock and Graves(1997)はS&P500社をサンプルにCSPと財務パフォーマンスの関係を実証した。この研究は、組織スラックがあり財務パフォーマンスの良好な企業がCSRを活性化させていると唱え、CSR経営と企業パフォーマンスの間の双方向の関係を指摘し、CSRを果たせる企業は優れた経営能力・手法を有し結果として経営成果を向上させると指摘している。こうした研究は、財務パフォーマンスはCSRの先行指数か遅行指数かという議論を喚起させ、この点に関しても様々な研究されているが、結論の一致は見られていない。また、McWilliams and Siegel(2000)はWaddock and Graves(1997)の統計分析の欠陥を補いCSR経営評価の精緻化を試みたが、CSR経営による企業パフォーマンスへの影響は統計的に有意な関係は見られなかった。この研究は、CSR経営を意識した戦略的行動としての研究開発投資が企業パフォーマンスの向上に寄与することを指摘しているが、すべての企業において企業パフォーマンスが向上しているわけではなく、CSR経営による企業パフォーマンスへの直接的影響関係は見出せない。

一方、Orlitzky, et al.(2003)はこれまでの52の実証分析(全サンプル数33878)を対象にメタ解析(密接に関連する仮説検証を行っている複数の統計的研究の結果を用い

て、被説明変数の計り方の相違、標本分散の相違等、各研究の特徴の違いを調整しながら標本数を拡大し確度の高い分析を行おうとする統計的手法[18])を行い、社会・環境パフォーマンスと企業業績との間に統計的に有意な相関を見出している。

　また、日本では眞崎(2006)はみずほ総合研究所の調査を基に、独自のCSR指標を設定して大企業・中小企業も含め実証し、企業規模が大きく業績が良好な上場企業、製造業ほどCSRに取り組むことを見出している。これはどんな企業がCSRに取り組むかという視点からの研究ともいえるが、スラック資源理論で説明している点からも先行研究と同じ結論を導出したものとなっている。さらに、亀川・高岡編著(2007)はCSP測定の困難性に鑑み、複数のCSR指標(多角的企業評価システム「PRISM」の「柔軟性・社会性」指標(因子は社会貢献、リスク管理、環境経営、法令遵守、顧客対応等の21指標から構成と「世界企業ランキング500」『ニューズウィーク日本版』(2006年6月21日)のCSR指標(企業統治、従業員、社会、環境面での評価))とCSPに影響を及ぼすと思われるその他の変数(資本利益率・マージン因子、企業規模因子、安全性因子、組織スラック因子、株式市場因子)との相関分析等による実証研究だが、分析結果は大企業ほどCSR経営に取り組んでいるが、CSR指標と収益性の間のトレードオフ関係の存在を、つまり社会性と経済性の両立の困難性を示している。

　以上見てきたように、CSRと企業業績の向上との関連性には一貫した結論は得られていない。これは既述したようにCSR指標の選択の適切性や測定困難性の問題にも起因するが、天野他編著(2006)は従来の研究の限界として「企業の財務パフォーマンスを決定する要因は多様であり、それらの影響を制御せずに社会／環境パフォーマンスとの相関関係を単純に求めることには限界があること、両パフォーマンスの間には、時間的な前後関係の面でも双方向への関連が見られ、相関関係と因果関係の識別が必ずしも明らかではないこと」(p. 31)を指摘している。

　経済・環境・社会面のトータルとしての持続可能性が新たなコンテクストとなる中、今後は、企業の環境対応・社会対応と企業業績との相関関係も問われ

る。費用対効果分析や多変量解析による経済性・環境性・社会性を構成する各変数の相関関係やCSP測定方法の精緻化等の企業評価を巡る研究の深化・発展とともに、経済・環境・社会面でのパフォーマンス向上のための持続可能な企業経営に関わる統合理論研究の更なる精緻化と発展が期待される。

ステイクホルダー・マネジメントに関する研究

　CSR経営を行うためのCSRマネジメントを適切かつ効果的に展開するためには、そのベースとなるステイクホルダー・マネジメントの展開が鍵となる。そこで、ここでは、企業はステイクホルダーとどう向き合えばよいのか、つまりステイクホルダー・リレーションズの問題に関し論及する。代表的な理論として、以下のものを取り上げる。[19]

　まず、資源取引アプローチであるが、これはステイクホルダーと企業との資源的な繋がりに着目するもので、ステイクホルダーの位置づけにとり、最もオーソドックスなアプローチといわれる。「内部ステイクホルダー」と「外部ステイクホルダー」に分類したCarroll and Buchholtz(2003)、Lawrence, et al.(2005)による「市場的取引関係に関わるステイクホルダー」と「非市場的取引関係に関わるステイクホルダー」の分類アプローチなどがあるが、ステイクホルダー・リレーションズには資源の取引関係上の特性のみならずさらに別のアプローチも必要である。

　権力アプローチは、企業とステイクホルダーとの間における影響力の度合いにより「第1次ステイクホルダー」と「第2次ステイクホルダー」に分類するもの(Steiner and Steiner(2003))であり、明確性アプローチ(Mitchell, et al.(1997))は、潜在的なステイクホルダーの中から企業にとってその存在の重要性が相対的に明確なものを特定し、それらとの関係性構築を優先させようとするアプローチである。権力、正統性、緊急性を明確性を評価する3つの基準とし、これらを総合的に勘案し高い評価が与えられたステイクホルダーを「明確なステイクホルダー」として優先的に対応していくというアプローチである。相互関係アプ

ローチ(Savage, et al.(1991))は、企業とステイクホルダーの相互関係に着目するもので、ステイクホルダーを協力的ステイクホルダー、周縁ステイクホルダー、非協力的ステイクホルダー、両義的ステイクホルダーに分類し、各ステイクホルダーに応じた戦略的対応の重要性を唱えている。

現実には、ステイクホルダーを「株主」、「消費者」、「投資家」、「従業員」というように、資源取引の観点から括る場合が多いが、ステイクホルダーの明確性や相互関係に配慮した対応のあり方、マテリアリティに配慮した、各アプローチを相互補完的複合的に活用する効果的な対応が必要であろう。もとより、限られた資源の下、いかに効率的かつ効果的にステイクホルダー・マネジメントを展開するかが問われる。ステイクホルダー・マネジメントでは、ステイクホルダーの識別・特定(ex. 資源取引アプローチ(Carroll and Buchholtz(2003)、Lawrence, et al.(2005))、明確性アプローチ(Mitchell, et al.(1997)))、その行動様式(ex. 協調的・敵対的)の分析(Emshoff(1980))と戦略立案・対応(ex. 相互関係アプローチ(Savage, et al.(1991)))を行い、「明確性」や「相互関係」に配慮した複合的リレーションズを踏まえ、自社にとっての各ステイクホルダーの全体像を明確にする「ステイクホルダー・ランドスケープ」に基づいた多角的なステイクホルダー・ダイアログを進め、ステイクホルダー・エンゲージメントを展開する必要がある。GRIガイドラインの第3版(G3)もマテリアリティと並び、ステイクホルダー・エンゲージメントを重視している。

ステイクホルダー・エンゲージメントとは、ダイアログを一歩進め、互いに積極的に関与し合い、ステイクホルダーの声を反映させ、より良い経営になるように対応することを意味する。例えば、英国のNPOであるAccountAbilityはステイクホルダー・エンゲージメントのガイドラインを発表している(AccountAbility(2005))。これは、ステイクホルダー・エンゲージメントを実行するためのマネジメント・プロセスを示したものである。それによると、そのプロセスは①考え計画を立てる(1. ステイクホルダーを特定する、2. 重要事項を特定する、3. エンゲージメントの戦略・目的・範囲を定める、4. エンゲージメント

の計画と実行スケジュールを立てる）、②準備しエンゲージメントを行う（5．エンゲージメントの実行方法を決める、6．エンゲージメントの能力を構築・強化する、7．重要事項を理解しリスクとチャンスを知る）、③対応し測定する（8．学習を行い内部化する、9．パフォーマンスを測定しモニターする、10．評価し再定義し組み替える）、というものである。

今後、企業がステイクホルダーからの理解・支持を得てCSR経営を構築するには、ステイクホルダー・ダイアログ、さらにはステイクホルダー・エンゲージメントを通じて、ステイクホルダーとの関係性を分析・評価し、マネジメント・プロセスのPDCAサイクルにCSR要素を落とし込むCSRマネジメントの展開が重要となってくる。

研究動向に関する知見とCSRマネジメント・プロセスという視角の重要性

以上、ここまでCSR研究を巡る発展・深化を見てきた。欧米における研究の変遷、企業倫理論のグランドセオリーとしての統合社会契約理論が提示するインプリケーション、日本における研究の変遷、経済同友会によるCSR実践のための新たな企業評価基準、CSPに関する研究、ステイクホルダー・マネジメントに関する研究等、時代の変遷とともに発展してきたCSR研究蓄積と今日的到達点を検討した。ここから得られた知見をまとめると、既存の研究展開は企業倫理学的研究を中心に展開され、マネジメント・プロセス研究の希薄性が否めないこと、CSPに関する実証研究ではCSP測定法の開発も進むが、企業業績との相関性には未だ結論が出ていないこと、ステイクホルダー・マネジメントに関する研究ではステイクホルダー類型化に関する研究の深化、ステイクホルダー・マネジメントの理論的枠組みの提示、ステイクホルダー・エンゲージメントの重要性への示唆、また最近の傾向としては、サステナビリティ、トリプル・ボトムラインに関する研究の深化、PDCAサイクルに基づくマネジメント・プロセスによるCSRマネジメント研究の発展等である。それぞれ示唆に富む研究が多いが、大きな特徴の1つは、最近の一部の研究を除き、企

業倫理的研究を始め、既存の研究ではマネジメントの内実に迫るような、マネジメント・プロセスという分析視角からの研究が比較的希薄だったということである。本書ではマネジメント・プロセスという分析視角に注目したい。

　CSR経営を展開するにはCSRマネジメントが鍵となるが、そのマネジメントの適否を左右するのがCSRマネジメント・プロセスである。その意味で、マネジメント・プロセスの体系を適切に提示することが重要となるが、既存の研究では最近の一部の研究を除き、こうした視角からの研究が比較的希薄だったように思われる。企業の現場でも環境マネジメントシステムと比べ、CSRマネジメントシステムないしマネジメント・プロセスの構築に関しては、一部の先進的な企業を除き、なお模索中の企業が多いのが実情である。これには、環境マネジメントシステムの国際規格であるISO14001のようなデジュール・スタンダードの規格がCSR分野にはまだ存在しないことも大きく左右していると思われる。後に検討するように、CSRを巡る基準・規格は既に数多く存在するが、ISO14001のような影響力がある規格がCSR分野にはまだ存在しない。2010年11月発行のISO26000は今後、サステナビリティ課題への対応においても企業にとっての重要な参考ガイダンスになり得ると予見できるが、ISO26000はマネジメントシステム規格ではない。もっとも、マネジメント・プロセスによるガイドラインを提示したものとして、日本では1999年に麗澤大学経済センター企業倫理研究プロジェクトが日本で初めて発行し、2000年に改定したコンプライアンス・企業倫理に関する規格であるECS2000（企業倫理法令遵守マネジメントシステム規格）がある。これは企業倫理及び法令遵守に関するマネジメントシステム規格であり、ISO14001等の国際規格と同じ枠組みを有する。また、英国のSIGMAプロジェクトが2003年9月に発行したSIGMAガイドライン（組織の持続可能な発展のための実践ガイドライン）はマネジメント・プロセスによる組織の持続可能なマネジメントのための包括的実践的なガイドラインであり、持続可能なマネジメント・プロセスを考察する上で示唆に富む。なお、SIGMAガイドラインに関しては第5章で詳述する。

第Ⅰ部 マネジメントの展開と新潮流〈理論編〉

　CSRマネジメント・プロセスを考察するには、こうしたガイドラインが大いに参考となるが、日本でもこれまでとかく希薄であったこの分野に、近年、特に大学研究者のみならず、シンクタンク系の研究者、経営コンサルタント、実務家を中心とする研究が発表されている。例えば、谷本編著(2004)、古室他編著(2005)、伊吹(2005)、倍編著(2009)、海野(2009)、拓殖大学政経学部編(2009)等である。特に、倍編著(2009)はCSRマネジメントコントロール(CSRマネジメント・システム、CSRモニタリング・システム、CSRレポーティング・システム)のフレームワークを提示した上で、PDCAサイクルによるマネジメント・プロセスをベースとしたCSRマネジメント・システムを具体的実践的に提示し、示唆に富む。また、今後、CSRが実際に企業の競争力向上に如何に寄与するかが重要な論点となってくる中で、CSR経営戦略という視点から多くの企業事例を取り上げ、PDCAサイクルをベースとしたCSRマネジメントの展開を戦略的CSRの実践を通じて具体的に解説し、ステイクホルダー・フレームワークから競争力向上を論じた伊吹(2005)が興味深い。

　CSR経営を今後企業が展開する上で、CSRマネジメント・プロセスの適切な構築がその効果を左右することを勘案すると、マネジメント・プロセスという視角からの研究アプローチの重要性が窺えよう。

2　CSRに関する主要な原則・規格・ガイドライン

国際機関、各国等による原則・規格・ガイドライン
　CSRが注視される中、CSRに関する様々な原則・規格・ガイドライン[20]が各方面で整備され、策定・公表されてきた。
　まず、個人をはじめ欧米日の経営者、国連事務総長等による企業行動原則の提唱では、グローバル・サリバン原則(1977年に黒人牧師サリバン(L. Sullivan)により南アフリカの米国企業の人種隔離撤廃、労働環境改善等を提唱し、1999年に改定された)、OECD多国籍企業ガイドライン(OECDにより1976年に制定され、その後

1979年、1984年、1991年、2000年6月に改定された多国籍企業の行動に関するガイドラインで、法的拘束力はなく採用の如何は企業の自主性に委ねられる)、コー円卓会議の企業行動指針(スイスのコーで1986年以来円卓会議を重ね1994年に制定された、日米欧の民間経営者による初めてのグローバル・スタンダードな企業行動指針であり、法的拘束力はない)、国連グローバル・コンパクト(アナン(K. A. Annan)前国連事務総長により1999年に提唱され、2000年7月に発行された企業行動原則である)がある。

　欧州では、イギリスで2000年7月の年金基金法改正にあたり、年金基金に対し投資銘柄の選定等での環境、社会、倫理面での情報の開示を義務づけ、また世界で初めて2001年4月にCSR担当大臣という役職を設け、フランスでは2001年5月に上場会社に対し財務、環境、社会面での情報開示を義務づけた会社法改正、2002年5月のCSR担当大臣の任命など、CSRに対して関心が高い。[21] 欧州委員会による公開試案や白書としては、「EUグリーン・ペーパー：企業の社会的責任に関する欧州枠組みの促進」(2001年7月18日に欧州委員会が発表した文書で、企業やNGOによる議論を促進させるための叩き台となるもので、CSRの諸問題を内部的側面、外部的側面、全体的アプローチに分けている)、そしてこのグリーン・ペーパー(公開試案)に対する各方面からの意見を踏まえ、CSR促進のための戦略を提示したレポートが2002年7月2日に発表された「EUホワイト・ペーパー：企業の社会的責任に関する白書：持続可能な発展に対する企業の貢献」である。

　また、報告書ガイドラインとしては、多くの企業にとりデファクト・スタンダードとなりつつある、持続可能性報告のガイドラインであるGRI(Global Reporting Initiative)ガイドラインがある。2000年6月に第1版(G1)、2002年8月に第2版(G2)、2006年10月に第3版(G3)が公表された。これは企業活動を環境的側面だけでなく社会的側面・経済的側面も含めた3つを「トリプル・ボトムライン」としてまとめる報告書に関するガイドラインであり、特に、近年はGRIのガイドラインに基づくサステナビリティレポート(持続可能性報告書)を多くの企業が発行し、ステイクホルダー・ダイアログを重視していることが窺え

る。

　さらに、各国でのCSRに関する規格類としては、米国NGOの経済優先度調査会認証機関が1997年10月に発行し2001年に改定したSA8000(社会的責任説明　8000)があるが、これはISO9000、ISO14000等の規格から派生する形で人権、倫理分野での最初の国際規格となっている。他には、オーストラリア規格協会が1998年2月に発行したAS3806(遵守プログラム)、2003年5月に発行したAS8003-2003(企業の社会的責任)、英国の社会倫理説明責任研究所が説明責任に関する規格として1999年に発行したAA1000(社会的倫理的説明責任)、英国のSIGMAプロジェクトが2003年9月に発行したSIGMAガイドライン(組織の持続可能な発展のための実践ガイドライン)、2006年5月のBSIによるBS8900、フランス規格協会が2003年5月に発行したSD21000(持続可能な開発——企業の社会共同体的責任——企業の戦略及び経営における持続可能な開発の問題点を考慮に入れるためのガイドライン)、オーストリア規格協会が2004年に発行したON-V23(企業の社会的責任——企業の社会的責任を実践するためのガイダンス)等がある。日本では1999年に麗澤大学経済センター企業倫理研究プロジェクトが日本で初めてのコンプライアンス・企業倫理に関する規格であるECS2000(企業倫理法令遵守マネジメントシステム規格)を発行し、2000年に改定した。これは企業倫理及び法令遵守に関するマネジメントシステム規格であり、ISO14001等の国際規格と同じ枠組みを有するが、第3者認証制ではなく自己認証に留めている。このうち、CSR規格としての完成度が高く、参考価値があるものとしては、例えば、日本のECS2000、英国のSIGMAガイドライン、オーストラリアのAS8003-2003、オーストリアのON-V23が挙げられる。[22]

ISOによる規格化——ISO26000

〈ISOの規格化を巡る経緯〉

　ISOでもCSRの国際規格化に向けて検討が行われ、ISO26000が2010年11月にガイダンス規格として発行された。CSRを巡る国際基準類は、既に200

を超えるといわれる中、ISO による国際規格化は単なる混乱回避という観点以上のメリットがある。ISO には、グローバル市場で既にデジューレ・スタンダードとなっている ISO9001 や ISO14001 等の実績があり、バランスと透明性があると国際的に認知されている。既存の ISO9001 や ISO14001 のマネジメントシステムを実践的なベースとして活用し、こうしたシステムに準拠することで多数の ISO 企業の推進力をベースに、ISO は CSR 分野でも開発のリーダーシップをとり得る立場にある。[23]

　ISO では CSR 規格化に関する議論は 2001 年 4 月ジュネーブでの第 68 回 ISO 理事会で始まり、2001 年 5 月に消費者政策委員会（COPOLCO：Committee on Consumer Policy）に実現可能性の調査依頼がなされ、2002 年 6 月にトリニダード・トバゴで開催された第 24 回 ISO／COPOLCO 総会で報告書『CSR 規格の必要性と可能性』が承認され、2002 年 9 月の ISO 理事会で技術管理評議会（ISO／TMB）の下に高等諮問委員会（High-level Advisory Group）が新設され、CSR の国際標準化に向け議論が深められてきた。高等諮問委員会は 2003 年 1 月の第 1 回トロント会議、2003 年 2 月の第 2 回ジュネーブ会議、2003 年 7 月の第 3 回サンパウロ会議等を経て、例えば組織適用可能性の観点から ISO では SR（Social Responsibility）と称することが技術管理評議会に既に了承されている。また、2004 年 6 月 24 日〜25 日にストックホルムで開催された ISO の第 30 回技術管理評議会で、SR については第 3 者認証を目的とはしないガイドラインの策定に着手することが議決された。2004 年 6 月のストックホルム会議で ISO は早ければ 2007 年に CSR を国際規格にすることが決められたが、2005 年 3 月 7 日〜11 日にブラジルで開催された第 1 回 ISO／TMB／WG on SR 総会から規格開発が本格化し、2006 年 1 月以降、規格本文の草案作成がスタートしている。2008 年 3 月には ISO26000 第 4 次作業文書第 1 版（WD4.1）が回付され、2008 年 6 月には ISO26000 第 4 次作業文書第 2 版（WD4.2）が回付されたが、2008 年 9 月のサンチアゴ第 6 回 ISO／TMB／WG on SR 会議では WD4 から CD（委員会原案）への移行が決定され、2008 年 12 月には ISO26000 委

員会原案が回付された。2009年5月のケベックシティ第7回ISO／TMB／WG on SR会議を経て、2009年9月にはISO／DIS（Draft International Standard：国際規格案）26000が回付され、2010年7月にはISO／FDIS（Final Draft International Standard：最終国際規格案）26000が回付、2010年9月に承認され、2010年11月にはSRのガイダンス規格ISO26000が発行された。ISO／DIS 26000によると、社会的責任の7原則、社会的責任の認識及びステイクホルダー・エンゲージメント、社会的責任の7つの中核主題（組織統治、人権、労働慣行、環境、公正な事業慣行、消費者に関する課題、コミュニティ参画及び開発）、組織全体への社会的責任の取り込み等に関する手引書となっている。

〈ISO26000の概要〉

ISO26000の概要とその特徴を、ISO／DIS 26000（2009.9）に基づき、ここでは整理・検討したい。

これは、社会的責任は、組織のパフォーマンスに影響を与える重要な要素の1つになりつつあるとの認識の下、提供される国際規格で、社会的責任の基本となる原則、社会的責任に内在する課題及び組織内で社会的責任を実施する方法に関するガイダンスとなるものである。ISO／DIS 26000では、組織の社会的責任パフォーマンスが及ぼし得る影響事項として、競争上の優位性、組織の評判、労働者又は構成員・顧客・取引先又は使用者を引きつけ、留めておく能力、従業員のモラル・コミットメント及び生産性の維持、投資家・資金寄与者・スポンサー及び金融界の見解、会社・政府・メディア・供給業者・同業者・顧客及び組織が活動するコミュニティとの関係を挙げている。

社会的責任の目的は、持続可能な開発に貢献することであるとされる。この規格は、規模又は所在地等は問わず、あらゆる種類の組織に適用できるものとなっている。また、社会的に責任ある行動を既存の組織の戦略、システム、慣行及びプロセスに統合することを追求するものであり、成果及びパフォーマンスの改善を重視するものだが、いわゆるマネジメントシステム規格ではない。

関連規格を1つに統合するものでもなくCSR全般における主要項目を盛り込んだガイダンス文書であり、規模も地域も異なる各組織が示されている指針や諸課題を参考に、自社の状況やステイクホルダーの要請や期待に合わせ自主的に取り組むことが期待されている。

　社会的責任は、組織の決定及び活動が社会及び環境に与える影響に関する責任と捉えられ、社会的責任原則として、説明責任、透明性、倫理的な行動、ステイクホルダーの利害の尊重、法の支配の尊重、国際行動規範の尊重、人権の尊重、の7原則が挙げられている。組織の取り組むべき社会的責任の中核主題及び課題としては、組織統治(意思決定プロセス及び構造)、人権(課題①：デューディリジェンス、②：人権に関する危機的状況、③：共謀の回避、④：苦情解決、⑤：差別及び社会的弱者、⑥：市民的及び政治的権利、⑦：経済的、社会的及び文化的権利、⑧：労働における基本的権利)、労働慣行(課題①：雇用及び雇用関係、②：労働条件及び社会的保護、③：社会的対話、④：労働における安全衛生、⑤：職場における人材育成及び訓練)、環境(課題①：汚染の防止、②：持続可能な資源の使用、③：気候変動緩和及び適応、④：自然環境の保護及び回復)、公正な事業慣行(課題①：汚職防止、②：責任ある政治的関与、③：公正な競争、④：影響力の範囲における社会的責任の推進、⑤：財産権の尊重)、消費者に関する課題(課題①：公正なマーケティング、情報及び契約慣行、②：消費者の安全衛生の保護、③：持続可能な消費、④：消費者サービス、支援及び紛争解決、⑤：消費者データ保護及びプライバシー、⑥：必要不可欠なサービスへのアクセス、⑦：教育及び意識向上)、コミュニティ参画及び開発(課題①：コミュニティ参画、②：教育及び文化、③：雇用創出及び技能開発、④：技術開発、⑤：富及び所得の創出、⑥：健康、⑦：社会的投資)が挙げられ、組織にとって考慮すべき広範な社会・環境的諸課題が提示されている。

　さらに、組織が社会的責任を実施するためのガイダンスとして、社会的責任の特定(組織にとっての中核主題及び課題の関連性と重要性の判断、組織の影響力の範囲、優先順位の決定)、ステイクホルダーの特定及びエンゲージメント(ステイクホルダーの特定、ステイクホルダー・エンゲージメント)、組織のシステム及び手順

への社会的責任の取り込み(組織の方向性の決定、社会的責任の目的及び戦略の設定、意識向上及びコンピテンシーの確立)、社会的責任に関するコミュニケーション(コミュニケーションの役割、情報の特性、コミュニケーションの種類と形式の選択、ステイクホルダーとの対話)、社会的責任に関する信頼性の向上(信頼性向上の方法、報告及び主張の信頼性向上、ステイクホルダーとの紛争・不一致の解決)、社会的責任に関する組織の行動及び実践のレビュー及び改善(活動のモニタリング、組織の進捗及びパフォーマンスのレビュー、情報の収集及び管理の信頼性向上、パフォーマンスの改善)、社会的責任に関する自主的イニシアティブに関する考え方を提示している。最後に、参考情報として、社会的責任に関する自主的なイニシアティブ及びツールの例が挙げられている。

　ISO26000では、組織の直面する諸課題に対し如何に優先順位をつけ対応するべきか、重要となるステイクホルダーを如何に特定化し、ステイクホルダー・エンゲージメントを進めるべきか、社会的責任が孤立した、不定期の活動等ではなく、組織の目的、価値、目標、戦略、意思決定プロセスに組み込まれることという社会的責任への統合アプローチの重要性を唱え、トップのコミットメントや実現可能な資源の確保、ステイクホルダーとの対話の必要性等コミュニケーションの重要性を特に強調しているのが特徴である。以上の特に社会的責任の7原則、中核主題、社会的責任の導入に向けた取り組みの関連を示したのが図3-1であるが、社会的責任における原則、対応すべき中核主題とそれらへの行動及び期待、組織全体に社会的責任の導入に向け取り組む際の指針等、組織が今後参考にすべき項目が盛り込まれている。

　ISO26000は、ISO14001とは異なり、マネジメントシステム規格ではなく、その意味でPDCAサイクルのCSRマネジメント・プロセスを明確に意識したものとはなっていないが、組織にとってのCSR諸課題(ないしサステナビリティ諸課題)の広範な主要領域を整理し、そのプライオリティのつけ方、ステイクホルダーとの対峙の仕方、社会的責任の組織への統合等に関する指針を提示している。ISO26000は規格としてはあくまで大まかな考え方を述べるにとどめ、

第3章　CSRを巡る理論と規格

条項	中核主題	社会的責任の導入に向けた取り組み						
		5.2	5.3	7.2	7.3	7.4	7.5	7.6	7.7
6.2	組織統治	社会的責任の認識	ステイクホルダーの特定及びステイクホルダーエンゲージメント	組織の特性と社会的責任の関係	組織の社会的責任の理解	組織全体に社会的責任を取り入れる方法	社会的責任に関するコミュニケーション	社会的責任に関する信頼性向上	社会的責任に関する組織行動・実践のレビュー・改善
6.3	人　権
6.4	労働慣行
6.5	環　境
6.6	公正な事業慣行
6.7	消費者に関する課題
6.8	コミュニティ参画及び開発

社会的責任の7原則
　　説明責任、透明性、倫理的行動、ステイクホルダーの利害の尊重、法の支配の尊重、国際行動規範の尊重、人権の尊重

図3-1　ISO26000における中核主題及び社会的責任導入に向けた取り組みと社会的責任の7原則の関連
出所：ISO/DIS 26000(2009.9)に基づき、筆者作成。

実際の運用はそれぞれの組織の自主的運用に委ねる形となっているが、今後、ISO26000は企業がCSRに取り組む際の基本的スタンスを検討する際の重要な指針となるであろう。

　また、ISO26000は第3者認証を目的としないガイダンス規格であるが、企業だけでなくすべての組織を視野に入れた(SR, not CSR)規格であること、ISO初のマルチステイクホルダー合意に基づく規格でもあり、それが規格の正当性や影響力の源泉ともなり得ることからも、各ステイクホルダーないしアクターの参画と協働が鍵となるガバナンス型社会構築を展望する上で、社会のすべての構成員にとって重要な指針となるであろう。ISO26000の発行によりすべて

の組織に社会的責任意識が共有され、その仕組みづくりが普及・浸透すれば、持続可能なガバナンス構築への貢献も期待される。

3　むすび

1ではCSRを巡る理論研究に関し、欧米と日本の研究動向、CSPに関する研究、ステイクホルダー・マネジメントに関する研究を整理・検討し、研究動向に関する知見をまとめた上で、CSRマネジメント・プロセスという視角の重要性に論及した。2では、CSRに関する主要な原則・規格・ガイドラインの整備状況を検証し、ISO26000の概要とそのインプリケーションを検討した。

ここまで、第2章では環境経営を巡る理論展開と規格の整備、第3章ではCSRを巡る理論展開と規格の整備を検証してきたが、環境経営及びCSRに関する理論的展開と規格の整備が進む中、既存の環境経営研究とCSR研究の有機的統合による、持続可能な企業経営に関わる統合理論への研究の深化が期待される。持続可能な企業モデルの構築には、既存の規格・ガイドラインも踏まえた、実行可能な持続可能なマネジメントが問われる。

第Ⅱ部「現代企業の課題と持続可能なマネジメントの体系〈実践編〉」では、現代企業の直面する新たな状況と課題(第4章)、持続可能性とマネジメントのあり方(第5章)、さらには環境マネジメント、CSRマネジメントの拡大・発展・統合形態としての持続可能なマネジメントの体系(第6章)を考察する。

---

(1) 例えばCarroll(1979)は企業の社会的責任を経済的責任・法的責任・倫理的責任・裁量的責任と有名な4層構造モデルを提唱したが、Carroll(1979)のいう経済的責任がここでいう社会的使命、法的責任と倫理的責任が社会的責任、裁量的責任が社会貢献に相当する。

(2) 責任と貢献とは、例えば「基本と派生、基礎的と付加的、義務と自発、当為と期待、『ゼロへ』と『ゼロから』」(梅澤(2000)p.243)との違いと理解できる。

(3) 以上、鈴木・角野編著(2000)pp.1-23、梅澤(2000)、経営学史学会編(2002)等を

第3章　CSRを巡る理論と規格

参照。
(4) 1971年にAcademy of Managementの部会の1つとして「経営における社会的課題事項」(Social Issues in Management：SIM)部会が設立されている。
(5) 近年ではステイクホルダーという抽象的理念的概念への批判からCarroll and Buchholtz(2003)等がステイクホルダー・マネジメントといわれるステイクホルダー志向の経営実践のあり方を提唱している。また、Freeman(1984)を起点とするステイクホルダー・アプローチは企業と社会を照射する分析ツールとして多様に展開されるが、高岡・谷口(2003)は脱ステイクホルダー・モデルを提示する。
(6) 以上、鈴木・角野編著(2000)pp. 1-23、梅澤(2000)、経営学史学会編(2002)pp. 160-163等を参照。
(7) 鈴木・角野編著(2000)p. 40。
(8) 以上、鈴木・角野編著(2000)pp. 13-14、pp. 27-54。因みに、クーン(T. S. Kuhn)のパラダイム論との相違点として、既述したようにDonaldson and Dunfee(1999)は異なる共同体間のある種の価値共約性を認めるが、クーンはパラダイム間の厳密な共約不可能性を唱える点を確認しておきたい(鈴木・角野編著(2000)p. 43)。
(9) Donaldson and Dunfee(1999)p. 77。
(10) 以上、鈴木・角野編著(2000)pp. 49-53。
(11) 制度的責任とはCarroll(1979)の倫理的責任を呼び変えたもので、「社会的制度としての企業が、企業市民として法的責任を超えて自発的に遂行すべき責任」(森本(1994)p. 73)である。
(12) 森本(1994)p. 318。
(13) 以下、経済同友会(2003)を参照。
(14) 経済同友会(2003)p. 7。
(15) 進化しつつある市場の現実については詳しくは経済同友会(2003)pp. 39-43を参照されたい。
(16) 詳しくは経済同友会(2003)を参照されたい。
(17) 主に亀川・高岡編著(2007)pp. 39-57、松野他編著(2006)pp. 199-223、天野他編著(2006)pp. 18-32等を参照。
(18) 天野他編著(2006)p. 32。
(19) 主に、谷本編著(2004)の第12章、水村(2004)、谷本(2006)pp. 154-176等を参照。
(20) 高他(2003)、矢野・平林(2003)、水尾・田中編著(2004)、清水(2004)、森(2004)、八木(2005b)、日本規格協会のHP(http://www.jsa.or.jp)等を参照。
(21) 所(2005a)p. 28。
(22) 例えば、森(2004)p. 60。因みに、森(2004)は、既存のSR関連規格やガイドラインを比較検討し、ISO／SR規格の私案を提示している。

(23) 以上、矢野・平林(2003)pp. 148-156。
(24) 詳しくは、ISO／DIS 26000(2009.9)を参照されたい。
(25) なお、本目での以下の引用は ISO／DIS 26000(2009.9)からである。

第 Ⅱ 部
現代企業の課題と持続可能なマネジメントの体系〈実践編〉

第4章
企業を取り巻く新たな状況と現代企業の課題

 本章では、企業を取り巻く新たな状況を、まず環境問題の変遷、環境ガバナンス、環境ビジネスの発展、グリーン・ニューディール政策等から、次にCSRを巡る新たな動向を新たな企業評価、SRI、CSR調達、ソーシャルビジネスとBOPビジネス等から考察した上で、現代企業の課題を検討する。

1 企業を取り巻く新たな状況

環境を巡る新たな状況
〈環境問題の変遷──公害問題から地球環境問題へ〉

 2007年に公表されたIPCC（Intergovernmental Panel on Climate Change：気候変動に関する政府間パネル）の第4次評価報告書やスターン・レビュー（The Stern Review）は、地球温暖化による「不都合な真実」とその切迫性を具体的に示し、地球環境の危機的な状況に警鐘を鳴らし、最悪シナリオの回避策を講ずる必要性を唱えているが、地球環境はティッピング・ポイント（Tipping Point）に迫りつつある。今や、環境問題の焦点は地球環境問題へと移行しつつあるが、当初、環境問題は公害問題という形で地域的局所的レベルで顕在化した。

 産業革命以降、工業化・都市化の進展により環境問題が顕在化し、わが国においても企業による公害問題は既に明治10年以降、足尾銅山鉱毒事件、別子煙害事件等が起こり多くの犠牲が払われてきた。さらに1960年代以降の高度経済成長期には先進各国では大量生産・大量流通・大量消費・大量廃棄システ

ムという20世紀型産業文明システムの下、環境問題はまず公害問題という形で地域的局所的レベルで深刻化していく。環境問題には公害問題、アメニティ破壊問題、自然破壊問題などの諸相があるが、1960～70年代は四日市ぜんそく、熊本水俣病、新潟水俣病、富山県神通川のイタイイタイ病といったいわゆる4大公害の時代で、地域的局所的な公害問題が中心であった。こうした時代の中、わが国でも遅ればせながらも環境行政と環境法の整備がなされていく。まず1964年に旧厚生省公害課が発足し、1967年には「エンド・オブ・パイプ」の思想による公害対策基本法が制定され、1968年には大気汚染防止法が制定された。1970年には公害批判の高まりの中、第64回臨時国会の「公害国会」で公害対策基本法の改定、海洋汚染防止法、水質汚濁防止法、PPPの原則（Polluter Pays Principle：汚染者負担の原則）による公害防止事業費事業者負担法、人の健康に関わる公害犯罪の処罰に関する法律等の公害関係14法が一括成立し、公害防止関連法の整備・拡充・強化がなされた。さらに1971年には環境庁が発足する。また1973年には世界に先駆けて公害健康被害補償法が制定された。こうした環境法の整備による環境政策は一定の成果を上げ、事実日本は公害対策先進国として公害防止技術の進歩にも寄与したのである。この公害時代の特徴は、加害者は企業で被害者は一般市民という図式が明確で、原因・発生源の特定化が可能であり因果関係が明確であったことである。そのため企業も1960年頃からこの時期製造業を中心に公害問題の解決策を模索し、積極的に公害防止装置に対する設備投資を行い[1]、さらに1970年代に環境問題がクローズアップされると企業は自主的に環境政策を進めるようになり、環境管理が重要な経営施策となっていった。そして、1970年からの20年間に合計約8兆5000億円もの企業の公害防止投資がなされ、多様な公害防止技術の開発に繋げ、73年秋の第1次石油ショック後の経済不振を公害防止投資の活発化で乗り切った点は注視すべきであろう[2]。

　その後、1980年代後半になると環境問題の焦点は、地球環境問題（地球温暖化、酸性雨、砂漠化、オゾン層の破壊、生物種の減少、熱帯雨林の減少等）と都市・生

活型公害問題に移行していく。特に近年では1992年6月のブラジルのリオデジャネイロでの国連環境開発会議(地球サミット)や1997年12月のいわゆる地球温暖化防止京都会議として知られている気候変動枠組み条約第3回締約国会議(COP3)により地球レベルでの環境問題に関心が集まり、その中でも特にCO_2の排出規制による地球温暖化の防止に関心が集まっている。COP3では温室効果ガス削減のための京都議定書が採択され、目標値達成の補助的手段(京都メカニズム)としての排出権取引、クリーン開発メカニズム、共同実施、森林のCO_2吸収効果等に関し議論が重ねられてきた。2003年12月にはイタリアのミラノで気候変動枠組み条約第9回締約国会議(COP9)が開催されたが、2004年秋のロシアの批准を受け、2005年2月には京都議定書が発効した。アメリカ、中国・インドをはじめとする途上国の参加問題等の「ポスト京都議定書」に焦点が移行する中、2012年に期限切れとなる「京都議定書」後の枠組み作りに関しては、その交渉の起点となる国連気候変動枠組み条約第13回締約国会議(COP13)が2007年12月にインドネシアのバリ島で開かれ、「バリ・ロードマップ」が採択され、2008年12月のポーランド・ポズナニでのCOP14を経て、2009年12月のデンマーク・コペンハーゲンでのCOP15で次期枠組みである「ポスト京都議定書」が議論されることになった。

　2008年7月の北海道洞爺湖でのG8サミットでは地球環境問題への危機意識の共有が図られ、G8と中国やインド等の新興国を交え、世界の排出量の約8割をカバーする主要排出国会議(MEM)の首脳会合が開かれ、世界全体の温室効果ガスを2050年までに半減するとの長期目標の採択が望ましいとする宣言が発表された。2009年7月のイタリアでのラクイラ・サミットではG8として、世界の平均気温の上昇を産業革命以前(1750年頃)の水準から2度以内に抑えること、温室効果ガスを2050年までに世界全体で50％以上、先進国で80％以上に削減することが合意された。ただ中国、インド等の新興国も前者に関しては合意したが、後者の削減数値目標の設定に関しては、温暖化はあくまで先進国の責任であると主張し、合意は見られず、今後の課題となった。日本では、

第Ⅱ部　現代企業の課題と持続可能なマネジメントの体系〈実践編〉

　2009年9月に鳩山由紀夫首相(当時)が国連気候変動首脳会合で「温室効果ガスを2020年までに25％削減(1990年比)」を表明し、目標実現に向けた政策を、環境省では「チャレンジ25」として重点施策に位置づけた。2009年12月のコペンハーゲンでのCOP15では拘束力のない「コペンハーゲン合意」に「留意する」ことが承認されたが、先進国、新興国、途上国の思惑から交渉は難航し、最重要課題であった2013年以降の枠組みとなる「ポスト京都議定書」に関する議論は先送りされ、2010年11〜12月のメキシコのカンクンでのCOP16に引き継がれた。だが、具体的な「ポスト京都議定書」に関する議論は2011年11〜12月の南アフリカのダーバンでのCOP17にさらに先送りされることになった。地球温暖化対策を巡る国際協調の難しさが改めて浮き彫りとなったが、先進国のみならず新興国、途上国も含めた各国の危機意識の共有と迅速な対応による長期的大局的観点からの持続可能な発展が「宇宙船地球号」の命運を左右することを肝に銘じねばならない。

　一方、企業経営の現場でも公害対策のみならず、「宇宙船地球号」の乗組員としての人類の地球環境問題への関心の高まりの中、持続可能性、生物多様性、ゼロ・エミッションといったキーコンセプトの下、経済成長と環境保全の両立が各方面で模索され、企業の自然環境への対応にも質的変化が見られるようになってきた。日本経団連でも2002年10月に企業行動憲章の見直しを行い、企業の社会・自然環境への責任の明確化を打ち出している。1992年の「地球サミット」から10年目となる(リオ＋10といわれた)2002年に南アフリカのヨハネスブルクで開催された環境開発サミットでも、「ヨハネスブルク実施計画」(世界実施文書)が採択され、「環境や社会に対する企業の責任および説明責任を向上させる」と明示され、企業の自然環境への責任が言及された。

　地球環境問題の切迫性、環境規制の強化、グリーン・ニューディール政策、ロハス(LOHAS：Lifestyles of Health and Sustainability)を志向する人々の増加等を背景に、企業経営の環境志向への動きが高まっている。時代の変遷に応じた経営戦略の見直し、企業行動のあり方が問われるようになった。

第4章　企業を取り巻く新たな状況と現代企業の課題

〈環境共生型社会経済システムの構築——環境政策と環境法の整備〉

　公害問題と異なり、地球環境問題は複合的な要因により発生し因果関係が特定化しにくく、しかもボーダーレス化するため、その解決には国際協調が欠かせない。この点は、公害問題と質的に大きく異なるといえよう。また、深刻化の度を深める廃棄物問題は、現状の大量消費・廃棄型社会から脱却し資源循環型社会を構築しない限り抜本的には解決しない。従来のような対処療法的なやり方ではなく、エコビジネスにより技術開発を進めると同時に、環境先進国ドイツが進めるようなリサイクル型社会を構築するゼロ・エミッション社会を可能な限り目指さねばならない。ドイツでは既に1991年に包装廃棄物規制令が公布され、1996年10月には循環経済・廃棄物法が施行され、世界に先駆けリサイクル型社会システムが構築されているが、わが国でも1997年4月に容器包装リサイクル法が施行され、2000年4月以降プラスチック類、紙類の容器包装も加わり完全施行された。さらに2000年の通常国会では循環型社会形成推進基本法をはじめ、改正廃棄物処理法、資源有効利用促進法、食品リサイクル法、建設リサイクル法、グリーン購入法の6つの法律が成立し、資源循環型社会形成への環境インフラが整ってきている。

　今日の環境問題は、大都市圏の窒素酸化物による大気汚染、廃棄物問題といった都市・生活型公害問題に加え、地球環境問題といった多様化の様相を帯びてきており、環境政策の対象領域の広がりに対処するためにも、従来の規制的手法を中心とする公害対策基本法の枠組みでは不十分となってきた。そこで、1993年11月には公害対策基本法は廃止され、環境基本法が制定され、環境政策の基本的法律となった。環境基本法は、環境保全に関する基本理念として、環境の恵沢の享受と将来の世代への継承、環境への負荷の少ない持続的発展の可能な社会の構築、国際的協調による地球環境保全の積極的推進という3つの理念を定め、以上の実現のために国、地方自治体、企業、国民の環境保全に関わる責務を明確にしている。そして環境基本法第15条に基づき1994年12月に国レベルの包括的な環境計画である、循環・共生・参加・国際的取り組みを

第Ⅱ部　現代企業の課題と持続可能なマネジメントの体系〈実践編〉

掲げる環境基本計画が閣議決定され、2000年12月には新たに汚染者負担の原則・環境効率性・予防的な方策・環境リスクを環境政策の4つの指針とする新環境基本計画が閣議決定された。2006年4月に閣議決定された第3次環境基本計画は、循環・共生・参加・国際的取り組みの4つの長期目標を掲げ、2025年頃の社会を視野に入れたバックキャスティング手法により、今後5年間のわが国の環境政策の方向性を示したものだが、環境的側面・経済的側面・社会的側面の総合的向上、環境保全上の観点からの持続可能な国土・自然形成、技術開発・研究の充実と不確実性を踏まえた取り組み、国際的戦略による取り組みの強化、長期的視野からの政策形成と並び、国・地方自治体・国民の新たな役割と参画・協働の推進を重点項目に掲げている。

　また、1997年6月にOECD加盟国中わが国だけが未制定だった環境影響評価法が制定され、1999年6月に施行になり、1969年の国家環境政策法により公共事業に環境アセスメントを義務づけたアメリカに遅れること約30年して、ようやくわが国の環境アセスメント制度が整ったことも付記しておきたい。

　以上見てきたように、1990年代には1993年の環境基本法の成立を契機に、環境アセスメント法、家電リサイクル法、改正省エネルギー法、地球温暖化対策推進法、PRTR法、ダイオキシン対策法等の成立、さらに2000年以降もリサイクルの促進による資源循環型社会形成に向けた、循環型社会形成推進基本法をはじめとする一連のリサイクル関連諸法が整備されてきた。こうした一連の環境法の整備とともに、環境税の導入も視野に入れた地球環境問題と都市・生活型公害問題への政策・対策の強化・充実が期待されている。2001年1月には旧厚生省の廃棄物部門も加わり環境庁が環境省に格上げされたが、公害対策先進国であったわが国が、今後環境先進国となり得るか否かが注目されている。バブル経済崩壊後の1990年代は経済的に「失われた10年」といわれ、さらに2010年現在まで「失われた20年」とも称される経済的閉塞状況が続く中、環境分野にとっては決して「失われた20年」ではなく、日本が環境共生型社会経済システムを構築するための出発点であったと認識すべきであろう。

第4章　企業を取り巻く新たな状況と現代企業の課題

　「環境の世紀」を迎え、絶対的不可逆的損失を内包する環境問題への対応が焦眉の課題となっている今日、「宇宙船地球号」は警鐘を鳴らし続け「環境革命」の必要性を唱え、人類の英知の結集と迅速な対応を切実に求めているのである。持続可能な発展のためには、産業構造、都市構造、交通体系、生活様式、公共政策・法体系等の「中間システム」(3)を環境保全型に再編成した環境共生型社会経済システムを早急に構築することが喫緊の課題となっているのである。また、時代の潮流がポスト・マテリアリズムへと移行する中、地球環境問題の切迫性、政府による環境規制の強化、グリーン・コンシューマーやエコファンドに代表される市場のグリーン化、ステイクホルダーの環境意識の高まりを受け、現代企業にも従来の公害・資源浪費型企業経営から環境調和型企業経営へのパラダイム・シフトが要請されているのである。

〈環境ガバナンス〉

　地球環境問題をはじめ、都市・生活型環境問題、廃棄物問題等、現代の多様な環境問題が重層的なレベルで複雑化していることを勘案すると、その解決には政策統合を図り多様で重層的なアクターの連携といった環境ガバナンス的視座が欠かせない。(4) 松下編著(2007)は、環境ガバナンスを「上からの統治と下からの自治を統合し、持続可能な社会の構築に向け、関係する主体がその多様性と多元性を生かしながら積極的に関与し、問題解決を図るプロセス」(p.4)と捉え、現代の重層的な環境問題への対処法しての新たな戦略的な現代的ガバナンスの必要性を唱えている。ガバナンス(governance)とは通常、統治、管理、支配、統御等と訳される。伝統的ガバナンスでは政府による統治を中心とし、合法化された権力をよりどころに国家が社会を構成する企業や市民を統治するニュアンスが強いのに対し、現代的ガバナンスでは各アクターが法的権力ではなく、公共的利益の観点から主体的自主的に意思決定・合意形成にコミットすることを意味する。(5)

　現代の環境ガバナンスを考察する際に示唆に富むと思われるのが、1980年

第Ⅱ部　現代企業の課題と持続可能なマネジメントの体系〈実践編〉

代から1990年代初頭にかけ登場した国際政治学の分析概念としてのグローバル・ガバナンス論、開発援助論でのグッド・ガバナンス論、経営学でのコーポレート・ガバナンス論等である。[6]

　ガバナンス概念が世界で注目される契機になったのが、国連のグローバル・ガバナンス委員会の報告書である *Our Global Neighborhood*（京都フォーラム監訳(1995)『地球リーダーシップ』日本放送出版協会）であるが、この報告書ではガバナンスを「個人と機関、私と公とが、共通の問題に取り組む多くの方法の集まりであり、相反する、あるいは多様な利害関係を調整し、協力的な行動をとる継続的なプロセス」(p.28)と捉え、政府間関係と捉えられてきた従来のグローバル・ガバナンスとは異なり、市民社会、企業、NGO、メディア等の多様なアクターが地球規模での様々な問題にコミットすべきとしている。現代的グローバル・ガバナンスとは、市場と政府(government)の失敗ないし機能低下を踏まえ浮上してきた概念であり、様々な顕在化する越境問題に対し市場メカニズムや国家間外交・協力のみでは限界があるという問題意識に裏打ちされ、政府のみならず多様なアクターによる機能やマネジメントを重視し、それぞれの役割を問い直すことでもある。元来、ガバナンスとは古代ギリシャ語で「舵手(kybernes)」を指し、「操舵する」ことを意味するが、グローバル・ガバナンスはまさにグローバル化時代の操舵法、ないしは越境する問題群のマネジメントに関する問題であるといえよう。[7]

　開発援助論での途上国を対象としたグッド・ガバナンス論では、例えば、世界銀行が融資先の途上国に以下のような良いガバナンスを求めている。[8]第1に、政策決定過程が予測可能で公開され、十分な情報に基づき行われていること。第2に、政府の官僚組織は公益向上を目指す専門的職業的倫理に裏打ちされ、法の支配が一般化されていること。さらに、政府の意思決定において透明なプロセスが維持され、公的な課題への市民社会の幅広い参加が保障されていること等である。反対に悪いガバナンスは、恣意的な政策形成、説明責任のない官僚組織、遵守されない不十分な法制度、行政権の濫用、市民社会の公的活動へ

の参加の制限、汚職の広がり等である。

　また、企業経営でのコーポレート・ガバナンスは、企業の目的を決定し経営管理の適切性をチェックし、健全で効率的な経営を目指す企業統治の制度だが、企業経営が持続可能な経営を模索する中で、企業を取り巻く各アクターないしステイクホルダーへの対応を、適法性、効率性、倫理性といった基準でマネジメントすることが問われる。現代企業には、多様なアクターないしステイクホルダーの影響や役割を勘案し、情報開示やアカウンタビリティを果たし、企業経営の透明性を保持することが求められる。特に、従来、「家」意識の中で経営者や従業員等への「内向き」の経営をしてきた日本型経営のあり方が、CSRやステイクホルダー・マネジメントの重要性とともに問われるようになったのは、多様なステイクホルダーあるいは視野に入れるべきアクターの拡散とその役割に光が当てられるようになった証であろう。

　以上見てきた3つのガバナンスに共通するのは、多様な主体の参加と協働、情報の公開とアカウンタビリティの確保、透明性のある意思決定プロセス等を重視する視点であるが(9)、これらはいずれも現代の環境ガバナンスにとっても重要な視点である。

〈環境ガバナンスの重要性の背景とその課題〉

　今、なぜ環境ガバナンスが重要となってきたのか。その背景には現代の環境問題の特質が深く関わっている。原因・発生源・加害者の特定が容易な地域的局所的現象である公害時代の環境行政の中心は公害規制であり、その意味で1980年代後半までの環境ガバナンスの主体は国や地方自治体であった。一方、1980年代後半になると、環境問題の焦点は、地球環境問題(地球温暖化、酸性雨、砂漠化、オゾン層の破壊、生物種の減少、熱帯雨林の減少等)と都市・生活型環境問題(廃棄物問題、ダイオキシン等の環境ホルモン、都市交通公害、生活排水問題、大気汚染、騒音問題等)に移行していく。産業公害問題は通常、加害者が企業で被害者が一般市民という図式が明確であったが、地球環境問題や都市・生活型環境

第Ⅱ部　現代企業の課題と持続可能なマネジメントの体系〈実践編〉

問題は一般市民も被害者であると同時に加害者でもあり、発生源が拡散し多様で複雑化の様相を帯びているという点が大きく質的に異なる。このように現代の環境問題が、市民生活や企業活動に広く密接に起因していることを勘案すれば、関係者の理解と協力なくして政策の効果も期待できない。国や地方自治体の役割の重要性は言うまでもないが、現代の環境問題の解決にはさらに企業、市民、NGO・NPO、メディア等、多様なアクターによる参画と協働によるガバナンス型問題解決が鍵となる。

　環境ガバナンスを構築する際の課題や必要となる要素等を、松下編著(2007)[10]に基づき、以下整理しておきたい。まず第1の課題は、持続可能性の公準（規範）を環境ガバナンスのプロセスと制度にいかに組み込むか、つまり持続可能性を操作可能な指標としてどのように特定化するかという問題である。持続可能性指標は普遍化できるレベルと地域固有の特殊性も勘案しなければならないものもある。環境や開発の優先課題は地域や社会により異なることを踏まえ、地域・社会ごとの独自指標も見出し、持続可能性を維持するための適切な管理主体とルールの設計も重要となる。

　第2の課題は、各アクターが多様性と多元性を活かしながら積極的に関与し、問題解決を図るための民主主義的なプロセスとはどういうものかを明らかにすることである。民主主義的なプロセスを保障する第1の要素は、環境民主主義的手続きの徹底である。この点に関しては、1992年の地球サミットで採択されたリオ宣言第10原則（市民参加条項）を受け、1998年6月にデンマークのオーフス市でのUNECE（国連欧州経済委員会）第4回環境閣僚会議で採択され、2001年10月に発効した環境条約であるオーフス条約がある。この条約は、環境分野における市民参加の促進を図ることを目的としたもので、情報へのアクセス権、政策決定過程への参加、環境問題に関する司法へのアクセス権を柱に、締約国内で制度化し保障することを意図したものである。第2の要素は、環境問題への対応は地域からの取り組みが基本であることに鑑み、市民により身近なレベルでの意思決定を重視し、基礎的な行政単位である地域レベルに任せるべ

きであるという補完性原則に基づく地方分権の推進である。第3の要素は、公共アクターが政策を展開する場合、政策の企画・立案・実施の各段階で企業や市民等の民間の各アクターと協働して問題解決に取り組まねばならないという協働原則(起源はドイツ「環境報告書」(1976))である。欧州自治体のみならず、わが国の自治体でも持続可能な地域社会の構築に向け、ローカル・アジェンダ21や環境基本計画の策定後、こうした計画を各アクターの協働で推進する「環境パートナーシップ組織」の立ち上げが進んでいる。わが国では大阪府豊中市が「とよなか市民環境会議」を1996年に設立したのが最初である。第4の要素は、環境的持続可能性を保障するための持続可能性を軸とした政策統合の推進の下、政策の実効性と効率性を高めるための多様な政策手段の活用とポリシーミックスの推進である。

　第3の課題は、環境問題の有する空間的重層性に対応するガバナンス論の構想である。環境問題は複数の空間的階層を越境するものである。

　第4の課題は、各アクターの取り組みや役割、既存の制度や組織の再検討に関する理論的実証的研究を進め、アクター間の相互連携やガバナンスの仕組み等ガバナンスの構造と機能に関わる統合的で重層的環境ガバナンス論の体系的構築の必要性である。今後は、多様なアクターがそれぞれどのような役割を果たし、環境改善に参画と協働していくか、また環境ガバナンスの仕組みづくりをいかに推進していくか等、環境ガバナンスの構造と機能のあり方が問われる。

〈日本経済の再生と環境ビジネスの可能性——グリーン・ニューディール政策の展開〉
　環境共生型社会経済システムの構築による「環境立国」を目指し、それを日本経済再生の1つの鍵とすることが重大な検討課題となってきている。

　日本経済・地域経済の再生のために、今後成長が見込める分野として現在各方面から期待が寄せられているのは、情報通信、医療・福祉、ナノテク、都市再生、ロボット産業、環境分野等である。1997年5月に閣議決定された「経済構造の変革と創造のための行動計画」を受け「新規産業創出環境整備プログ

ラム」が策定され、その中で今後の成長が期待される15分野(医療・福祉、生活文化、情報通信、新製造技術、流通・物流、環境、ビジネス支援、海洋、バイオテクノロジー、都市環境整備、航空・宇宙、新エネ・省エネ、人材、国際化、住宅)が提示された。

以上の諸分野の中でも、次世代の有力な産業分野の1つといわれるのが環境ビジネスであるが、2002年1月に経済財政諮問会議が取りまとめ閣議決定された「構造改革と経済財政の中間展望」の中でも、循環型経済社会の構築が進展すれば、民間の環境対応型の技術開発や製品開発が活発化し、環境ビジネスへの新規需要や雇用が創出されると述べられている。また2003年1月には日本経団連は「活力と魅力溢れる日本をめざして」という新ビジョンを発表し、その中で21世紀の日本の目指すべき方向性として、日本のもつ環境技術やビジネスモデルを活かし環境立国になることを提唱し、環境ビジネスの可能性に期待している。また、地域経済でも、例えば、2006年3月に近畿経済産業局は「第2期近畿地域産業クラスタービジョン」を策定し、2010年までの5年間の管内の育成分野として「フロントランナー(ものづくり、情報、エネルギー)」、「バイオ」、「環境ビジネス」の3分野に再編し、今後5年間で約1万件もの新規事業創出目標を掲げ、目標の一角を成す「環境ビジネス」に期待が集まっている。

さらに、世界経済が2007年夏から顕在化したアメリカのサブプライムローン問題に端を発した金融危機、2008年9月の「リーマン・ショック」以降の「100年に1度」ともいわれる未曾有の世界同時不況に直面し、各国で景気回復のため財政・金融政策が総動員される中、グリーン・ニューディール政策が展開されることとなった。特に、2009年1月に発足したアメリカのオバマ政権は、環境やエネルギー戦略を通じた経済再生を企図し、太陽、風力、バイオマス等の再生可能エネルギー体系への転換、スマートグリッド(次世代双方向送電システム)の開発等を打ち出した。日本では、2009年4月に環境省が「緑の経済と社会の変革」という日本版グリーン・ニューディール政策を発表した。

政策の6つの柱は、①「緑の社会資本への変革」、②「緑の地域コミュニティへの変革」、③「緑の消費への変革」、④「緑の投資への変革」、⑤「緑の技術革新」、⑥「緑のアジアへの貢献」であるが、こうした事業展開により2020年には環境ビジネスの市場規模を2006年の70兆円から120兆円に、雇用規模を2006年の140万人から280万人に拡大できるとしている。例えば2009年に始まったエコカー減税・買い替え補助金、省エネ家電購入時のエコポイントの付与をはじめ、2009年に再開された太陽光発電設置への補助金等、「環境」を重点分野に据えた一連の経済対策による内需押し上げ効果が期待されている。2009年9月には鳩山由紀夫首相(当時)が国連気候変動首脳会合で「温室効果ガスを2020年までに25％削減(1990年比)」を表明したが、この目標実現に向けた政策を、環境省では「チャレンジ25」として重点施策に位置づけた。今回の世界同時不況の打開策として、景気回復と環境保全の両立を図るグリーン・ニューディール政策の政策効果が期待されるが、環境ビジネスは今後の経済運営上、極めて重要な分野になりつつある。

米国発の金融危機による2008年9月の「リーマン・ショック」以降の世界経済の動向になお不透明感が漂う中、景気浮揚と雇用創出を目指し、「環境」等を重点分野とした成長戦略に基づく経済対策が喫緊の課題である。国内でも円高・デフレによる企業業績の悪化、雇用・将来不安による消費不況が懸念される中、太陽光、風力等の再生可能エネルギー、スマートグリッド、エコカー、省エネ家電等の普及・促進は不況克服の起爆剤になると期待されるが、「エコ」関連への政策支援(規制緩和・改革、購入時の減税・補助金、省エネ投資減税、起業・研究開発面での税制優遇措置等)も問われる。各国でも不況克服と環境保全を探るグリーン・ニューディール政策による環境ビジネスへの政策支援が展開され、環境ビジネスの成長・発展とともに持続可能な経済社会の構築が期待されている。

環境ビジネスの成長・発展には、政策支援、企業努力、需要の喚起等が鍵となる。まず、企業が環境ビジネスを円滑に展開できるように、政策面では国や

地方自治体や諸団体が環境ビジネスの推進に向けた制度設計を適切に行っていくことが肝要である。企業は「エコ」をビジネスチャンスと捉え、事業収益向上に「エコ」を軸にしたプロアクティブ戦略による環境イノベーターとして、競争優位性を確立することが生き残りの鍵となる。例えば自動車・家電業界に代表される「エコ」を巡る熾烈な競争が物語っているが、Esty and Winston (2006)は世界数百社の事例から利益を生む環境戦略を検証し、Green to Gold 原則(環境効率、環境コスト、バリューチェーン、環境リスク、環境ニーズ、エコ・マーケティング、イノベーション、無形資源)、Green Wave Rider のノウハウ(環境意識の浸透、環境情報の管理、リデザイン、企業文化)を導出しており、企業の環境戦略・環境経営を考察する上で示唆に富む。企業の対応としては、今後は公害時代のような規制へのリアクティブ対応のみならず、環境に配慮した環境経営の展開、環境問題をビジネスチャンスと捉えるプロアクティブ対応や環境イノベーションの推進が問われる。先進的な環境技術を駆使した環境配慮型製品・サービスとそれへの需要が環境関連市場を形成するが、市場の拡大は減税・補助金による政策支援、グリーン購入・調達の促進、消費者への環境教育・学習の充実等による「エコ」への需要喚起に左右される。消費者への訴求面では、低燃費車や LED 照明のような環境性能という高付加価値と経済的インセンティブが同時に問われる。そして、環境・CSR 対応を適切に行うステイクホルダー・マネジメントを展開する持続可能な企業が、消費市場や投資市場で高い評価を受け企業価値の向上へと繋がるような制度設計も不可欠である。こうした企業経営のビジネスモデルに支えられ環境ビジネスが持続可能な形で発展していくことが、「環境立国」日本の国際競争力の向上に貢献し、ひいては持続可能な経済社会の構築に貢献する。

CSR を巡る新たな状況
〈CSR を巡る新たな動き〉

1990 年代以降、「企業と社会」を巡る動きに構造的変化が現れ、CSR を巡り

第4章　企業を取り巻く新たな状況と現代企業の課題

新たな状況が生まれつつある[11]。その背景として、経済の国際化と情報化の進展、消費者・投資家の行動の変化、市民意識・社会の変質、CSR ムーブメントの高まり等が挙げられる[12]。

　経済の国際化・IT 化の加速度的進展を受け、現代企業はグローバルなメガ・コンペティションに晒され、生産・販売・取引・資金調達面でのグローバル対応も拡大している。グローバル・ソーシングが広がり、サプライチェーン・マネジメントにおいても地域ごとの企業への社会的役割や責任が異なることを認識し、対応することが求められる。グローバル展開では環境、人権、労働環境への配慮等 CSR が取引上の重要な要素となることがあり、また NGO 等の監視に耐えうる現地での事業展開が求められる。

　消費者・投資家の行動にも変化がみられる。消費者行動でも、グリーンコンシューマーに見られる環境意識の高まり、LOHAS 志向を受け、消費者の商品・サービスの選択基準に価格・品質面のみならず環境・CSR への配慮が考慮されるようになってきた。品質管理・環境管理の不備や反社会的企業行為が露見した場合、その企業は市場から淘汰され企業生命が脅かされることとなる。また、投資家の動きとしても、企業活動を財務面のみならず環境や社会といった非財務面からも評価し投融資先を決定していく方法である、SRI(Socially Responsible Investment：社会的責任投資)の動きが広がってきている。さらに、最近ではメインストリームの投資家による、マテリアリティに配慮した、環境（E）・社会（S）・ガバナンス（G）といった ESG 要因を取り込む新たな企業評価の動きも欧米では広がり、メインストリームの投資家による SRI 化も見られる。

　市民意識・社会の変質も看過できない。地球環境問題、地域の社会問題への関心の高まりを受け、地域活動への参画と協働、コミュニティ・ビジネス等の社会的事業の展開、ボランティア活動への参加等に関心を寄せる人々の増加、NPO 活動の推進が見られる。国際的には、1980～90 年代以降の経済のグローバリゼーションの進展による地球環境問題、労働環境、女性や人権問題に及ぼ

す企業活動への監視・批判を展開するNGOの活動が活発化し、企業にとり今やNGOというステイクホルダーは看過できない存在となってきている。

CSRムーブメントの高まりに関しては、日本でも2003年がCSR元年と呼ばれ、日本経団連をはじめ、財界、企業経営の現場でもCSRのあり方が模索されている。CSRムーブメントの国際的な広がりの背景としては、地球社会の持続可能な発展を求めるグローバル運動が企業活動への環境・社会面での責任ある行動を求めていることが、まず挙げられる。また、欧州諸国を中心にCSR、SRIを側面支援する法制度の整備、国連、EU、ISOをはじめとするCSRに関する各種基準・規格作りが進んでいることもCSRムーブメントを後押ししている。企業経営の現場で、CSR要素を組み入れた経営をすることが不可欠となりつつある。

1990年代以降の、経済の国際化と情報化の進展、消費者・投資家の行動の変化、市民意識・社会の変質、CSRムーブメントの高まりという構造的変化の中で、企業とステイクホルダーとの関係も変質し、CSRの重要性が増してきた。日本版SOX法に対応した内部統制管理体制の確立、リスクマネジメント、BCPやBCM、企業倫理、環境対応、コンプライアンスはもとより、ステイクホルダーの上記のような変質に配慮したステイクホルダー・マネジメントの展開を通じた、戦略的CSRマネジメントを適切に運用することが中長期的な企業の継続的発展に繋がることを銘記せねばならない。

〈SRIと企業評価の新たな動き〉

SRIは、企業に投資を行う場合、財務面のみならず環境や社会といった非財務面にも考慮して投資先を決定する投資手法である。その歴史は、ユダヤ法にその考え方が窺え、1700年代半ば以降米国のキリスト教会がギャンブルやアルコール関連企業を投資対象から排除したことが始まりとされるが、その原型は米国で1920年代に宗教的倫理に反するギャンブル、タバコ、アルコールに関連する特定業種を教会資金の投資対象から排除する、教会を中心に起こった

第4章　企業を取り巻く新たな状況と現代企業の課題

運動であった。1928年に設立された「パイオニア・ファンド」がこうした宗教的倫理観に基づく米国でのSRIファンドの嚆矢といわれる。以後、米国で発展し、その後英国、大陸欧州、近年では日本、オーストラリア、香港等に拡大してきている。SRIは、特に1990年代後半以降、関心が高まってきているが、SRIは一般に、①財務面のみならず環境や社会への対応などの非財務面を考慮し投資対象銘柄を選定する「ソーシャル・スクリーン」（「ポジティブ・スクリーン」：環境対応やCSRで評価できる企業を投資対象銘柄に組み入れるもの、「ネガティブ・スクリーン」：アルコール、武器、タバコ、ギャンブルなどの社会的批判の多い事業を営む企業を投資対象から排除するもの、の2つのスタイルがある）、②企業の環境・社会的課題に対し、株主として対話・エンゲージメントを求め、議決権行使や株主提案を行う「株主行動」、③社会的課題に取り組む事業や地域に対し低利の融資プログラムを提供する「コミュニティ投資」、の3つのスタイルに分類される。

　SRIの現状は、米国ではSocial Investment Forum（SIF）によると、SRI全体の規模は1995年の6390億ドルから2007年には2兆7110億ドルと増加し、金融機関経由で運用されている金融資産の約1割となっており、ファンド数でも1995年の55本から2007年には260本と増加している。SRIの中でも、「ソーシャル・スクリーン」による投資総額は1995年の1620億ドルから2007年には2兆980億ドルと約13倍になっている。一方、日本では1999年8月に日興アセットマネジメントが日興エコファンドを、1999年9月には損保ジャパン・アセットマネジメントが損保ジャパン・グリーン・オープン（ぶなの森）を設定して以来、公募SRI投信のファンド数は2009年9月時点83本となっており、SRIの純資産総額は約5193億円（2009年9月時点）と、投資信託全体の純資産総額約59兆円（2009年9月時点）と比べ、約0.88％にとどまっており、欧米よりは遅れをとっているが、今後の拡大が予見される。

　2002年頃より、この年に起こったエンロン、ワールドコムの事件を受け、SRIのクライテリアに財務面と環境・社会的側面に、さらにコーポレート・ガ

111

バナンスや企業経営の透明性といった非財務的評価をも組み込み、トータルとして企業評価を行い、SRIがメインストリーム化していく第3段階のSRIの段階に突入した[18]。つまり、1971年には米国初のSRI投資信託といわれるPax World Fundが発売されているが、第1段階は1980年頃までの社会運動としての教会、大学、社会運動諸団体による特定の価値観に基づくネガティブ・スクリーンとしてのSRI段階、第2段階は80年代末頃〜90年代にかけての財務的評価と環境・社会面でのポジティブ・スクリーンでの企業の選定を行うスタイルが広がり、SRIが多くの人々に受け入れられていった段階であり、この時期にDominiなどの投資信託運用会社がSRI専用の投資信託を相次ぎ販売するようになり、ファンドマネージャーが投資理論に基づき投資候補銘柄群（ユニバース）を構築し、運用パフォーマンスも向上させる中、確定拠出型年金（401K）制度の後押しもあり、SRI運用残高が増加した。

　欧米でSRIがメインストリーム化していく第3段階に突入したことを考慮するならば、日本企業にも財務的評価のみならず、環境・社会への対応、さらには企業経営の透明性、コーポレート・ガバナンスの構築といった、投資市場からのトータルな企業評価に配慮した、CSRマネジメントの構築と展開が問われることとなろう。

　ただ、SRIは、現状ではまだニッチ市場的に捉えられているのが現状であり、資金が一気にSRIに流入してくる状況が今後も予測し難いことを勘案すると、今後は、メインストリームのSRI化という第4段階を見据えたSRIを巡る新たな動向が鍵となる。

　2006年4月には当時の国連のアナン事務総長がニューヨークの証券取引所を訪れ、「グローバル・コンパクト」の金融版である、「責任投資原則（PRI：Principles for Responsible Investment）を公表した。これは国連環境計画金融イニシアティブ（UNEP-FI）と国連グローバル・コンパクトが共同で策定したもので、機関投資家に資金運用に際しESG要因に配慮するように求めるものである。公表と同時にアメリカのカルパースなどの巨大年金基金をはじめ、各国の33

の機関投資家が署名した。これは、今後、通常の機関投資家にも環境・社会・ガバナンス上のリスクを見据え、ESG 要因に配慮した投資行動が増えることを意味する。又、機関投資家に ESG 要因の抽出による企業評価を求めるものであり、企業は今後 ESG 対応を誤れば資金調達面で不利益を蒙ることを意味する。同原則はメインストリームの SRI 化という SRI の第 4 段階を示唆している。[19]

　ただ、SRI の今後の普及・拡大には、2007 年夏から顕在化した米国発のサブプライムローン問題を契機とする金融危機による世界的な信用収縮と景気悪化の「負の連鎖」による世界同時不況とその後の世界経済の回復がなお不透明な中、SRI のパフォーマンス、CSR と企業業績との相関性、機関投資家の受託者責任、ニッチ市場的現状等、予断を許さない。日本でも、図 4－1 からも明らかなように「リーマン・ショック」の 2008 年 9 月の公募 SRI 投信の純資産残高約 5873 億円から 2009 年 3 月には約 3824 億円に減少していることが物語っている。ただ、景気が底を打ったといわれる 2009 年 3 月を境に 2009 年 9 月には約 5193 億円に増加してきている。各国政府による財政・金融政策の総動員等により、企業業績の底打ちや在庫調整など、景気回復の兆しも徐々に見えつつあるとはいえ、「100 年に 1 度」ともいわれる未曾有の世界的景気悪化の影響と欧米金融機関の不良債権問題、米住宅価格の回復によるサブプライムローン問題の収束の行方、ギリシャ危機に象徴される欧州諸国(特に PIIGS)の信用不安、BRICs 等の新興国経済の動向、景気回復期待等に SRI の動向も大きく左右されることが予見され、注視する必要があろう。

〈CSR 調達と CSR を評価する経済社会の構築〉
　欧米で新潮流の CSR 調達[20](QCD に加え、環境・人権・労働条件・倫理・コンプライアンス等の CSR 要素を勘案)はグローバル企業に CSR 調達基準への対応を求める。特に、グローバル・アウトソーシングを進める電子業界・自動車業界等では、国内のみならず海外の進出先の地域でも、取引先企業も含め、環境、人権、

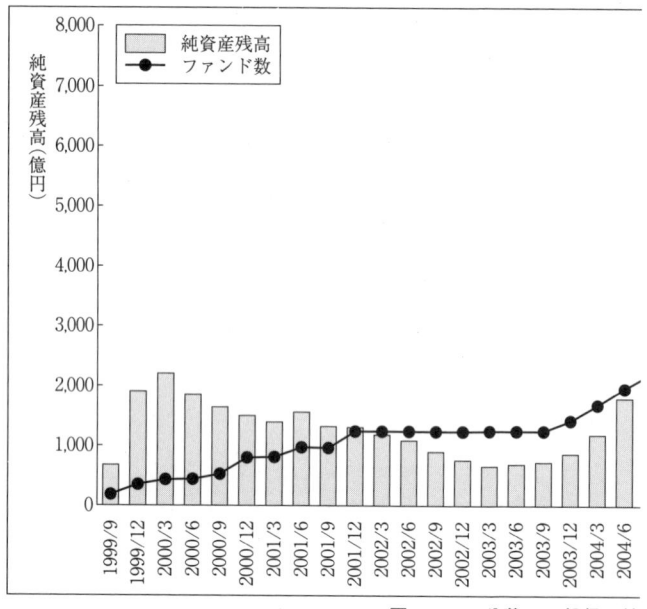

第Ⅱ部　現代企業の課題と持続可能なマネジメントの体系〈実践編〉

図4-1　公募SRI投信の純

注1：「日本SRI年報2007」のデータ編に、最新のデータを更新した。
注2：追加したファンドについては、設定日に遡って修正した。
出所：社会的責任投資フォーラム(SIF-Japan)のHP(http://www.sifjapan.org)

労働、倫理面でのCSR調達基準への対応が必要となる。例えば、電子業界では、2004年10月にHP、Dell、IBMといったアメリカ企業の主導により電子業界行動規範(EICC：Electronic Industry Code of Conduct)[21]が発行され、世界の電子業界の行動規範の共通化が図られ、実際のCSR調達は、サプライヤーに行動規範を示し協力を求め、その遵守状況の監査・モニタリングを行い、改善に向けた活動を行う、という形で進められる。日本のソニーはEICCの設立当初からの運営委員の1社でもあるが、EICCに基づき2005年6月に「ソニーサプライヤー行動規範」[22]を制定している。こうした動きを受け、日本の電子業界も2006年8月に電子情報技術産業協会(JEITA)がCSR調達の共通ガイドラインとなる「サプライチェーンCSR推進ガイドライン」[23]を発表した。そして、

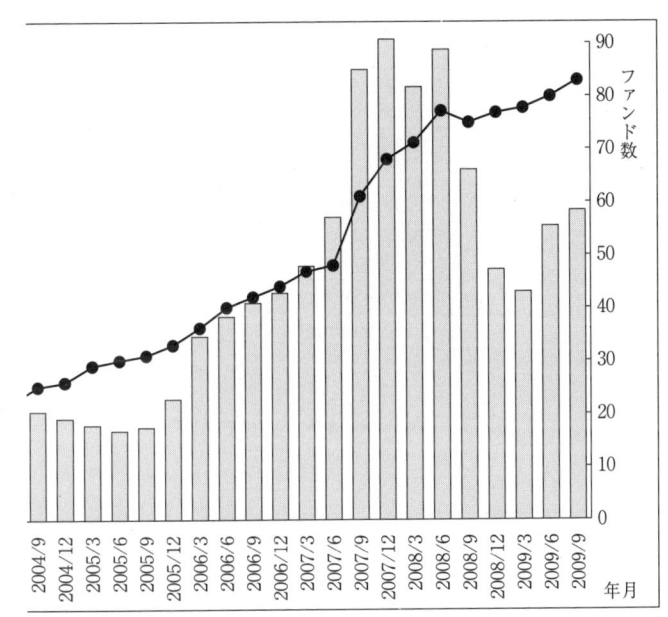

第4章　企業を取り巻く新たな状況と現代企業の課題

資産残高とファンド数の推移

より、2009年11月6日アクセス。

　これに準拠して、例えば2006年10月にはNEC（第2版）、2007年4月にはシャープ、2007年10月には富士通、2008年6月には東芝が「サプライチェーンCSR推進ガイドライン」を作成・発表している。

　日本では欧米に比べ、グリーン調達が先行しCSR対応は遅れていたが、今後は、グローバルなサプライチェーンの中で、日本企業にもCSR調達への対応が問われる。日本でも、既に主要大手企業の半分以上がCSR調達に何らかの形で取り組み始めており、「CSR調達ガイドライン」を定める動きが拡まりつつある。パナソニック・グループ、東芝、ソニー、NEC、シャープ、富士通、イオン、アサヒビール、キリンビール、富士ゼロックス、資生堂、花王、三菱樹脂、ミズノ、大日本印刷、帝人等、日本を代表する企業の多くがCSR

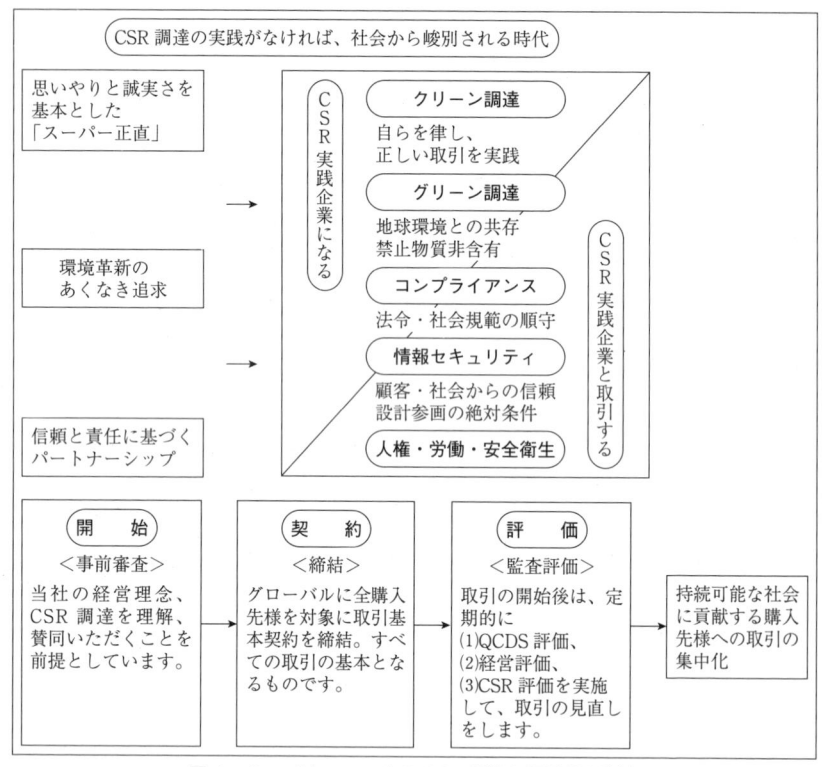

第Ⅱ部　現代企業の課題と持続可能なマネジメントの体系〈実践編〉

図4－2　パナソニックのCSR調達と調達評価制度
出所：パナソニックのHP (http://panasonic.co.jp/csr) より。

への配慮を取引先に求め、その対応により取引先の選別を行う動きを見せ始めている。例えば、パナソニック・グループは、1999年度から「グリーン調達」を開始したが、2005年度には「CSR調達」を本格化し、2006年度からは約1万社もの資材購入先を選定・管理する仕組みとして「CSR調達評価制度」を導入し、CSR対応の優秀な資材購入先に契約・発注を集中させている(図4－2)。東芝グループでも、2006年度からCSR調達の推進のため調達取引先に対し、品質、環境、情報セキュリティ、人権・労働、安全衛生、公正取引、社会貢献の各項目でCSR調査を開始している。2008年5月には、2005年2月に

116

制定した「東芝グループの調達方針について」を人権、労働環境、適切な賃金等の要請事項を明示し改定している。日本経団連では、2005年10月に企業がCSR活動を行う際の参照ツールとして「CSR推進ツール」を公表している[26]。これは、日本経団連の「企業行動憲章」と「実行の手引き」を参考にCSR観点からその課題分野とステイクホルダーごとの対処課題を整理し、それぞれに参考事例を添付したものである。以上のように、2005年前後からCSR対応を取引先にも求める動きが日本の主要大手企業の中でも本格化し、今後、日本でも広がることを考慮すれば、大企業を主要な取引先としている多くの中堅・中小企業にも経営課題としてCSR対応が求められることとなる。

こうした経済行為が拡大することは、企業を評価する基準の変化、市場システムにCSR基準が確立することを意味し、CSR対応の適否が企業評価・価値、企業競争力を今後左右することとなる。なお、CSR経営の積極的展開が企業評価を向上させ、競争優位性の確立へと繋がるような経済社会の整備には、EUのような政策上の位置づけをはじめ、ステイクホルダーの評価・支援による市場の整備が欠かせない[27]。

〈BOPビジネスとソーシャルビジネス〉

企業によるCSR活動のあり方が論じられる中、社会的課題解決をビジネスと結びつける社会起業家と呼ばれるベンチャー企業の取り組み、途上国で貧困層向けの小口融資を行うシステムであるマイクロファイナンス、国際貿易でのフェア・トレードの動きが注目されているが、企業の現場でも社会的課題解決をビジネスとするソーシャルビジネスへの取り組みの動きが見られるようになってきた。ここではソーシャルビジネスとして新たにクローズアップされてきたBOPビジネスを取り上げたい[28]。

BOP(Bottom of the Pyramid 又は Base of the Pyramid)ビジネスとは世界の所得階層別ピラミッドの最下層に位置する貧困層をターゲットとするビジネスである。途上国ビジネスとも称されるが、主に発展途上国の貧困層を対象に貧困解消、

栄養・衛生状況の改善といった社会問題解決に向け、企業が社会貢献と収益改善の両立を企図し展開されるビジネスである。World Resource Institute、International Financial Corporation の分析によると、対象となる貧困層は世界人口約 69 億人（2010 年時点）の約 6 割の約 40 億人、年間所得 3000 ドル未満の収入層で、全世界での市場規模は約 5 兆ドルといわれる。これは日本の GDP にほぼ匹敵する規模であるが、BOP ビジネスは欧米の多国籍企業が先行してきた。例えば、ユニリーバ（英・蘭）はインドで洗剤・シャンプーの小分け販売を行い、小袋戦略により購買障壁を解消し、多くの人々が少しずつ毎日購入することによる大量消費を可能とし、農村地域での低所得者層に対する衛生改善と収益事業化に成功した。また、欧米では米国国際開発庁（USAID）や国連開発計画（UNDP）等の開発援助機関による支援プログラムが整備されてきている。例えば、米国国際開発庁は 2001 年に官民連携型の Global Development Alliance（GDA）を創設し、マイクロソフト、コカコーラ、クラフトフーズ等の約 1700 のパートナーと約 680 件の連携プロジェクトを行い、プログラムへの投資額は約 90 億ドルとなっている。

　一方、日本でも、BOP ビジネスへの関心が高まる中、経済産業省が 2009 年 8 月に有識者や企業関係者から構成される研究会を立ち上げ、国としての調査、取り組みを開始している。日本企業も少子高齢化社会の加速とともに国内市場の将来的縮小を見越して BOP ビジネスの展開を窺う企業も増えつつあるが、欧米企業に比べるとその事例はまだ少ない。その理由としては、日本企業にとっての BOP ビジネスへの参入コストとビジネスとしての不確実性の高さ、日本企業の最先端高機能製品開発とハイエンド市場志向、開発援助機関による対応の遅れ、現地企業・国際機関・NGO との連携の脆弱さ等が挙げられる。ただ、一部の先進的企業事例として、例えば、ユニチャームは既に海外事業の展開で成功しているが、東南アジア諸国（タイ等）でベビー用紙オムツの小分け販売を行っている。紙オムツは便利であり潜在的需要が多く見込まれるが、現地の貧しい農村地域等では贅沢な高級品であり、纏め買いする余裕のない消費者

が多い。そこで、1個ずつの小分け販売等で無理のない購入を勧める形で事業展開している。また、味の素はナイジェリアで味の素の小袋販売を行い、住友化学はタンザニアで2003年からマラリア予防の蚊帳「オリセットネット」を現地で製造・販売し、現地のパートナー企業のA to Z社に製造技術を無償供与している。住友化学のホームページによれば、2008年12月時点で約4000人を雇用し、現地の雇用創出に貢献し、地域経済の発展への貢献を目指している。また、日清食品はケニアで2009年から約130の学校を対象にチキンラーメンの無料給食事業に取り組み、貧しさから満足な食生活を享受できない多くの現地の子供たちの栄養改善に取り組んでいる。これは麺文化がないアフリカでのマーケティング・リサーチも兼ねた事業の一環であるが、約10億人の巨大人口を抱えるアフリカ市場の潜在力に将来的なビジネスチャンスを見据えた、日清食品の息の長い取り組みともいえる。一方、三洋電機は人口の約8割がなお無電化生活をするウガンダで、現在の灯油ランプに代わる、エネループランタンの普及に取り組み始めている(2010年3月時点)。これは三洋電機の環境技術を駆使した、いわば途上国向けソーラーランタンでLED搭載で、現在の灯油ランプのような火事の危険性もなく、住民の生活向上に寄与できるものと期待されている。ただ、価格が現地の所得水準からすると、なお高いのがネックであったが、ウガンダ政府等からの購入補助、マイクロファイナンス(小口融資)の活用、月賦制の導入等による販売促進が既に現地の販売代理店で始まっている。

　日本企業でのこうした事例はまだ限定的だが、BRICs等の新興国、アジア諸国に加え、将来的な人口増加が見込まれ、先進国企業にとっての潜在的な巨大市場となり得るアフリカ市場の成長性を鑑みると、BOPビジネスは、日本企業の経営戦略上、大きな可能性を秘めた分野となり得る。BOPビジネスが「ネクスト・マーケット」(Prahalad(2010))と呼ばれる所以であろう。

　Kim and Mauborgne(2005)は、既存市場での激烈な競争となる「レッド・オーシャン(血の海)」ではなく、未知なる領域への開拓・参入を目指す「ブル

第Ⅱ部　現代企業の課題と持続可能なマネジメントの体系〈実践編〉

ー・オーシャン戦略」の重要性を唱えているが、先の環境ビジネス同様、BOP ビジネスへの参入は現代企業にとっての「ブルー・オーシャン」を見出すことを意味しているのである。

　企業の BOP ビジネス展開の背景には、先進国での将来的な国内市場の縮小を見据えた、途上国ビジネスによる新市場の開拓、製品開発とともに、BOP ビジネスで得られた経験やノウハウを先進国向けビジネスに活かし、新たな価値の提案等に繋げたいという思惑もある。ただ、途上国ビジネスには政情不安、商習慣の違い等の様々なカントリーリスクも伴うため、企業は現地での事業展開の際に、現地での情報収集に努め、国際機関、現地企業、NGO・NPO 等の連携も視野に入れねばならないであろう。

　企業は、今後、本業の業務プロセスに CSR 的配慮を組み込むことはもとより、BOP ビジネスのような社会貢献を通じたビジネスモデルの構築も問われ、それが新たな収益源となれば、収益の裏づけを得た CSR 事業展開が可能となろう。BOP ビジネスは、単に本業とは別に社会貢献、慈善事業を行うという次元から、本業のビジネスを通じ社会的課題解決を行うという持続可能なビジネスモデルの構築を示唆する、CSR の新たな次元への移行を意味するともいえよう。

　途上国での BOP ビジネスの発展の可能性がある一方で、日本国内での社会的企業の事業者数は約 8000、市場規模は約 2400 億円である (2009 年末時点)。同じ先進国の中でも、例えば英国の事業者数約 55000、市場規模約 5 兆 7000 億円 (2009 年末時点) に比べてもかなり見劣りする。これは日本での社会的企業の事業展開や収益性の確保の困難さ、担い手不足、支援体制の不備等を反映しているともいえるが、鳩山総理 (当時) は 2009 年 10 月の所信表明演説で「官」と「民」との隙間を埋める「新しい公共」という理念を表明した。2010 年 1 月には日本政府は「『新しい公共』を実現する円卓会議」を新設し、「官」が支えてきた教育、育児、介護、医療・福祉、街づくり、防犯、防災等の公共サービスに、NPO 法人、市民が積極的に参加できる仕組みづくりを目指している。

こうした取り組みが広まれば、国民の意識も高まり、企業としてもソーシャルビジネスへの取り組みも増えるものと予見される。

2　現代企業の課題

現代企業の課題

　国際化・情報化の進展の中、熾烈な競争を強いられるメガ・コンペティションに晒され、経営環境の変化への対応の適否が企業の存続・発展を左右する。現代企業は様々な経営課題に迅速に対応する「スピード経営」による多元的な戦略的対応を迫られている。つまり、M&Aや関係諸組織との組織間関係管理を通じての戦略的提携への模索、「選択と集中」戦略によるコア事業分野への経営資源の集中的配分とコア・コンピタンスの育成、サプライ・チェーン・マネジメント(SCM)をはじめとするビジネス・プロセス・リエンジニアリング(BPR)といった情報システムの構築による組織の再構築とそれによる情報の共有化と意思決定の迅速化の促進、市場の成熟化と消費者ニーズの深化する多様化・個性化に対応する戦略的マーケティングによる新技術・新製品の開発と新市場の創造、少子・高齢化の進展と日本的経営システムの崩壊や雇用形態の多様化に伴い惹起してきた、複線型人事管理や成果・能力主義や裁量労働制の導入と「混合職場」やワーク・ライフ・バランスへの対応といった新たな人事労務管理システムの構築等の諸課題への戦略的対応が現代企業の焦眉の経営課題となってきているのである。現代企業は、ゴーイング・コンサーンとして存続・成長するために自らを取り巻くこうした状況変化への絶えざる対応と自己革新を通じて、今日的諸課題に対処せねばならない。

　企業も、生物体同様、内外の環境変化に適応・対応できなければ生き延びることはできない。経営者が戦術的意思決定に忙殺され、戦略的意思決定を怠り環境変化への適応・対応ができなければ、その企業は成長力と競争力を弱め衰退を余儀なくされ、いずれ市場から淘汰されるであろう。ゴーイング・コンサ

第Ⅱ部　現代企業の課題と持続可能なマネジメントの体系〈実践編〉

ーンとしての企業にとっては、経済合理性を追求する限り、競争環境、市場環境、技術環境への適切かつ機敏な対応がまず重要であることは言うまでもない。だが、1で検討した企業を取り巻く新たな状況への対応の必要性からも現代企業には環境経営、CSR経営の展開が極めて重要となってきている。ポスト・マテリアリズムが時代の潮流となる中、地球環境問題への関心の高まり、企業の不祥事の続発と企業倫理の見直しを契機に、ステイクホルダー・マネジメントを通じた、自然環境や社会環境への対応が注視されるようになってきた。

つまり、現代企業は競争優位性の確立を目指し、競争環境、市場環境、技術環境への対応ばかりではなく、自然環境、社会環境への対応が重要になってきており、こうした多面的経営環境への対応とそれに伴う多元的経営課題に直面している。

環境問題への対応を誤れば企業存続の根幹を揺るがしかねず、また昨今の企業の多くの不祥事を持ち出すまでもなく、反社会的行為は企業の死活問題となり、企業生命そのものを脅かす。万一、自然環境や社会への対応を誤るようなことになれば、地域社会・市場・取引先からの信認を失い、その企業は致命的な損失を蒙ることとなり、その存続すら危うくなるのである。現代企業にとっては、「環境の世紀」を迎えグリーン・コンシューマーやエコファンドに代表される市場・投資のグリーン化による自然環境への対応が、またコンプライアンス（法令遵守）、企業倫理の確立、社会的責任投資（SRI）への対応等、社会的責任と貢献による社会環境への対応の適否が、企業の存続に大きく影響を及ぼすようになってきた。現代社会で企業が及ぼす多大な負荷や影響力を考慮するなら、現代企業にとっては「企業と環境」ないし「企業と社会」という視座による、環境や社会への適切な対応が今日的かつ喫緊の課題となってきている。環境経営と社会的信頼度を高めるCSR経営の構築と展開が現代企業にとり極めて重要な経営課題となってきているのである。

また、環境ビジネス、ソーシャルビジネスへの参入が企業の新たな収益源となり、経済性、環境性、社会性のバランスの取れた持続可能な企業経営の発展

を支えることになる。なお、環境ビジネスやソーシャルビジネスの展開を考慮する場合は、企業にとっては経営戦略上、競争環境、市場環境、技術環境、自然環境、社会環境への対応は事業展開上、すべてリンクしたものとなる。

現代企業には、競争優位性の維持・強化を研究開発・調達・生産・販売・人材育成・財務等のあらゆる業務プロセスに環境問題やCSRへの配慮を組み込みつつマネジメントを行うことでの持続可能な事業経営の展開が問われる。こうした持続可能な企業経営の展開は持続可能なマネジメントの運用に大きく左右され、その運用は確固たる企業倫理やコーポレート・ガバナンスの構築により担保されるものでもある。グローバル・スタンダード企業たる経営の透明性のためのディスクロージャーとアカウンタビリティが求められると同時に、さらには多様なステイクホルダーに配慮したコーポレート・ガバナンスの運用により大きく左右されるものであることも看過できない。経済合理性の追求のみならず、地域社会、国際社会での責任ある行動を通じての、自然環境や社会問題への配慮といったサステナビリティ課題への対応を経営の意思決定、業務プロセスに組み込んだ、持続可能なマネジメントによる、複合的価値追求型のアマルガムなサステナビリティ経営のあり方が真摯に問われている。

環境経営の普及と深化——環境経営からCSR経営へ

環境経営に関しては、環境マネジメントシステム(EMS)に関する国際規格である ISO14001：1996 と ISO14004：1996 が 1996 年 9 月に発行され、その後、環境マネジメントシステムの運用を支援する、環境監査、環境パフォーマンス評価、環境コミュニケーション、また環境にやさしい製品・サービスの開発と普及を支援する、環境適合設計(DfE)、ライフサイクルアセスメント(LCA)、環境ラベル等の規格開発、さらには 2004 年の ISO14001 の改訂を経て、ISO14000 ファミリーの整備がなされてきた。こうした環境マネジメントシステムの支援ツールも整備される中、ISO14001 に代表される PDCA サイクルによる環境マネジメントシステムが日本の企業の中でも急速に普及・浸透してき

た。

　2010年10月、ISOの中央事務局より公表されたISO Survey-2009によれば、2009年末時点での世界のISO14001認証取得総件数は223149件で、トップは中国が55316件、以下、日本が39556件、スペインが16527件、イタリアが14542件、イギリスが10912件、韓国が7843件である[29]。特に経済成長とともに最近顕著な伸びを示すのが、2000年6月当時は294件に過ぎなかった中国である。「世界の工場」としてのこの間の中国経済の成長振りを物語ると同時に、グローバル・サプライチェーンのもと、中国企業にもグリーン調達が要求され、それに応じた企業の認証取得の動きを示している。今後は、新興国、途上国の企業にも国際的な環境意識の高まりの中、環境配慮経営が求められる。

　日本では2000年6月当時、認証取得件数は3992件でトップだったが、その後、急速に件数を伸ばしたのは大企業のみならず中堅・中小企業にも認証取得の動きが広がったことを物語っている。例えば、この時期、トヨタ自動車は1999年3月に国内外の主要取引先に「環境に関する調達ガイドライン」を提示し、ISO14001の認証取得や環境負荷物質の管理とトヨタへのデータ提出を要求した。また、ソニーは2001年7月には約2500社の取引先の部品メーカーに環境対応度により取引先企業の選別を行う方針を掲げた。トヨタやソニーに代表される大企業によるグリーン調達の動きが拡まり、環境対応に遅れていた中堅・中小企業も「環境淘汰」の危機感の中、生き残りをかけて取引の継続を望むならば環境配慮を組み込む経営をせざるを得なくなってきたことを示す。特に、中堅・中小企業には、今後、世界的な資源高に象徴される原材料価格の高騰の中、取引先からの圧力等のコスト削減がさらに厳しく要求されることになるが、省資源・省エネの推進により生産性の向上を図る企業競争力の向上が生き残りの鍵ともなる。その意味でも、ISO14001の認証取得を形骸化させず、環境マネジメントの展開を経営体力の強化、コスト管理に活かすシステム作りが求められよう。このように大企業のみならず中堅・中小企業にも、ISO14001に代表される環境マネジメントシステムの構築が求められる中、

ISO／TC207は将来的活動分野として持続可能性、システム統合等への広がりを示唆し、品質・安全衛生・情報セキュリティ分野等との統合的システム構築も今後は問われる。

　環境経営の展開には、ISO14000ファミリーに代表される環境マネジメントシステムの構築・展開に加え、ステイクホルダーへの環境情報の開示、環境アカウンタビリティが重要となる。特に、そのツールとしての環境報告書は、環境ラベル、環境適合設計、環境会計等と並び企業にとっての環境コミュニケーションの重要なツールの1つでもある。2007年6月には『環境報告ガイドライン(2007年版)』が公表された。今後は、全社的な経営理念、経営方針、経営戦略、コーポレート・ガバナンス体制の下、環境戦略、環境管理組織との有機的適合性を保持した環境マネジメントの展開、環境報告書や環境会計等の環境情報開示と説明責任(環境アカウンタビリティ)を核とする環境コミュニケーションの継続的深化による、環境経営の質的向上が重要となる。

　「環境の世紀」を迎え、環境意識の高まり、グリーン調達の拡大、ISO14001やその支援ツールの規格開発によるISO14000ファミリーの規格の整備、環境アカウンタビリティにおける環境報告書ガイドラインの整備等を受け、ここ数年で急速に環境マネジメントシステムの普及と深化が見られ、環境経営の展開の基盤が形成されてきた。

　一方、環境対応に加え、企業活動の社会的不祥事の続発等、コンプライアンス、CSRに関わる経営課題の広がりの中、CSRへの対応が現代企業の経営課題となってきた。

CSR経営から持続可能な企業経営へ

　現在、企業にとってのCSR課題はISO／DIS 26000(2009.9)にも整理されているように、広範になりつつある。企業の現場でも、ISO14001の発行を契機とした環境マネジメントシステムの構築による環境経営の普及と深化を受け、CSR問題への対応の重要性に鑑み、大企業を中心に日本でもCSRマネジメン

第Ⅱ部　現代企業の課題と持続可能なマネジメントの体系〈実践編〉

トシステムの構築への模索が続いている。環境マネジメントシステム分野と異なり、欧米企業に比べ、日本企業ではこの分野で遅れをとってきたが、先進的な大企業を中心にCSRマネジメントシステムの構築によるCSR経営の展開が見られるようになってきた。

　一方、トータルとしての持続可能性が問われる中、経済・環境・社会のトリプル・ボトムラインに配慮した、環境経営、CSR経営の拡大・発展・統合形態としての持続可能な企業経営への関心が高まっている。企業活動にも持続可能な企業経営を目指すには、マネジメントの新たな潮流としての持続可能なマネジメントのあり方を探ることが重要となってきた。現代企業がトータル概念としての持続可能性に対応し、環境経営からCSR経営へと進化を遂げつつある中、ゴーイング・コンサーンとして持続可能な発展をしていくには、サステナビリティ統合マネジメントの展開による持続可能な経営モデルの構築が鍵となる。持続可能な経営モデルとは、経営の意思決定やすべての業務プロセス（研究開発・調達・生産・販売・人事・財務等の各プロセス）にサステナビリティ課題への配慮を組み込み、競争優位性の維持・強化を図る持続可能なマネジメントによるビジネスモデルである。

　持続可能な社会構築への模索が続く中、現代企業が21世紀の企業社会で生き残るためのメルクマールは、持続可能な企業になり得るかどうかである。

3　むすび

　1では、企業を取り巻く新たな状況を検証した。まず、環境を巡る新たな状況として、公害問題から地球環境問題への環境問題の変遷、環境政策と環境法の展開過程、環境ガバナンス、環境ビジネスの発展とグリーン・ニューディール政策を、次にCSRを巡る新たな状況として、SRIと新たな企業評価、CSR調達、BOPビジネスとソーシャルビジネスに関し論及した。こうした新たな状況の中、企業は時代の変遷に応じた経営戦略の見直し、企業行動のあり方が

第4章　企業を取り巻く新たな状況と現代企業の課題

問われるようになった。

　2では、現代企業の課題に関し考察し、環境経営の普及と深化、CSRから持続可能な経営モデルの構築の必要性を論じた。環境問題や社会問題への対応が重要となる中、現代企業には、研究開発・調達・生産・販売・人材育成・財務等のあらゆる業務プロセスに環境問題やCSRへの配慮を組み込みつつ、マネジメントを行うことで、競争優位性の維持・強化を図る持続可能な事業経営の展開が問われる。現代企業がトータル概念としての持続可能性に対応し、環境経営からCSR経営へと進化を遂げつつある中、ゴーイング・コンサーンとして持続可能な発展をしていくには、サステナビリティ統合マネジメントの展開による持続可能な経営モデルの構築が鍵となる。

　第5章では、持続可能性とマネジメントのあり方を検討する。

---

(1)　民間産業の公害防止投資はこの時期積極的に行われ、1975年がピークとなるが、その後1970年代末以降の福祉国家からの離脱を企図する日米英の新自由主義・新保守主義の台頭とともに環境政策も後退し、投資額も減少していく(例えば、宮本(1989)p.16)。
(2)　三橋(2007)pp.89-90。
(3)　例えば、宮本(1989)を参照。
(4)　主に、松下(2002)、松下編著(2007)、遠藤編(2008)を参照。
(5)　佐和編著(2000)pp.301-302。
(6)　松下編著(2007)pp.5-9。
(7)　遠藤編(2008)pp.3-11。
(8)　World Bank(1989).
(9)　松下編著(2007)p.6。
(10)　松下編著(2007)pp.21-31、pp.275-289。
(11)　本目と次目は主に、谷本編著(2007)、谷本(2006)、谷本編著(2004)、谷本(2004)pp.18-28、藤井・海野編著(2006)等を参照。
(12)　谷本(2006)pp.31-45。
(13)　環境格付プロジェクト(2002)p.24。
(14)　以上、SRIの3つのスタイル等に関しては、谷本(2006)pp.110-133。
(15)　Social Investment Forum (SIF)のHP (http://www.socialinvest.org)から2007

⒃　SIF-Japan の HP(http://www.sifjapan.org)、2009 年 11 月 6 日アクセス。
⒄　(社)投資信託協会の HP(http://www.toushin.or.jp)、2009 年 11 月 6 日アクセス。
⒅　谷本(2006)p. 130。
⒆　谷本編著(2007)を参照。
⒇　主に、藤井・海野編著(2006)、谷本(2006)pp. 134-151 を参照。
㉑　詳しくは、EICC(Electronic Industry Citizenship Coalition：電子業界市民連合)の HP(http://www.eicc.info)を参照されたい。
㉒　詳しくは、ソニーの HP(http://www.sony.co.jp/csr/report)を参照されたい。
㉓　詳しくは、電子情報技術産業協会の HP(http://www.jeita.or.jp)を参照されたい。
㉔　『パナソニック社会・環境報告 2008』(http://panasonic.co.jp/csr)等を参照。
㉕　『東芝グループ CSR 報告書 2008』(http://www.toshiba.co.jp/csr)等を参照。
㉖　詳しくは、日本経団連の HP(http://www.keidanren.or.jp)を参照されたい。
㉗　谷本(2006)pp. 100-109。
㉘　BOP ビジネスに関しては、主に経済産業省貿易経済協力局通商金融・経済協力課『官民連携による Win-win の BOP ビジネス』、Prahalad(2010)等を参照した。
㉙　詳しくは、ISO Survey-2009(http://www.iso.org/iso/survey2009.pdf)を参照されたい。

第5章
持続可能性とマネジメントのあり方

　本章では、持続可能性とマネジメントのあり方を展望することを研究課題とする。まず、企業経営を取り巻く新たなコンテクストとしての持続可能性に関し論及した上で、GRI ガイドライン、環境報告ガイドラインを検討し、最後に SIGMA ガイドラインの検討を通じて、マネジメントの新潮流としてのサステナビリティ統合マネジメントのあり方を展望する。

1　持続可能性とは
―― 企業が直面する新たなコンテクスト ――

　21 世紀の地球社会を展望する上でのキーコンセプトである持続可能性あるいは持続可能な発展は、1987 年に「環境と開発に関する世界委員会」（通称「ブルントラント委員会」）の国連の報告書 *Our Common Future* の中で、「持続可能な発展とは、将来の世代が自らのニーズを満たす能力を損なうことなく、現在の世代のニーズを満たすこと」と定義され、まず地球環境の持続可能性という観点から論じられた。その後、1992 年のブラジルのリオでの「地球サミット」を経て、1990 年代の半ば以降になると、持続可能性は環境問題のみならず、南北問題などもあり貧困、労働、人権問題などの社会問題にも議論が広がっていく。2002 年の「リオ＋10」といわれた、南アフリカのヨハネスブルグの「持続可能な開発に関する世界サミット」では、経済成長と公平性、天然資源と環境の保全、教育、エネルギー、食料、仕事、社会開発、衛生設備、健康管理、水、文化的・社会的多様性、労働者の権利尊重の他、CSR、企業の果た

第Ⅱ部　現代企業の課題と持続可能なマネジメントの体系〈実践編〉

すべき役割等の広範な問題が議論され、広義の持続可能性が論じられた。持続可能性への企業の真摯な取り組み・役割への期待がヨハネスブルク・サミットのメッセージでもあり、21世紀における地球社会からのこうした期待への対応が今後の企業の存続・発展を左右することとなる。実施計画第17項では、各国政府がISO規格やGRIガイドライン等を通じて企業の環境・社会面でのパフォーマンスを向上させることが宣言された。その後も様々な国際的な議論の中で、持続可能性概念は環境的持続可能性のみならず、経済的・社会的持続可能性を付加した包括的概念へと展開してきた。因みに、ISO／DIS 26000(2009.9)では、持続可能な開発とは、その目標を生態的制限の範囲内で生活し、未来世代のニーズを損なうことなく、社会のニーズを満たすこととし、持続可能な開発には経済、社会、環境の3つの側面があり、これらは相互依存するものであると捉えている[1]。

　今や、トータル概念として発展した持続可能性概念だが、当初は持続可能な発展概念とほぼ同義語として捉えられ、経済発展と環境保全の両立を目指す国家レベルでの概念として議論されてきた。企業経営の分野ではElkington(1997)により、持続可能性(サステナビリティ)＝トリプル・ボトムラインという新たな概念として企業経営の今後の方向性を示す重要なキーワードとして注目されることとなる。因みにElkington(1997)は、トリプル・ボトムラインを経済的繁栄、環境の質、社会的公正性の3つの同時的追求と述べ[2]、トリプル・ボトムラインの構成要素である社会・経済・環境を階層的に捉え(社会→経済→環境という規定関係)[3]、3層にずれのない調和の取れたトリプル・ボトムラインが企業経営を安定に導くと論じている。Elkington(1997)はトリプル・ボトムラインの展開こそが21世紀の企業経営が目指すべき方向と唱えたが、サステナビリティ＝トリプル・ボトムラインという考え方は彼自身もコミットしたGRIガイドライン、またSIGMAガイドライン等に取り入れられる中で[4]、企業経営の分野に浸透していった。

2　GRI ガイドライン

GRI ガイドラインとは

　GRI は、サステナビリティ(持続可能性)報告書ガイドラインの策定をしている非営利民間国際機関だが、1997 年秋に米国の NGO で CERES 原則を策定した CERES(Coalition for Environmentally Responsible Economies：環境に責任を持つ経済のための連合)が国連環境計画(UNEP)の協力を得て、環境報告書のグローバル・スタンダード作成を目指し始まったプロジェクトに遡る。2002 年 9 月には国際 NGO(UNEP 協力機関)として CERES から独立し、本部をボストンからアムステルダムに移している。日本では、2002 年 11 月に GRI 日本フォーラム(現、サステナビリティ日本フォーラム)が結成され、GRI ガイドラインの普及・啓発が行われている。

　当初、環境報告書の質・信頼性・比較可能性等の向上を目指し、環境報告書のグローバル・スタンダードを目指したが、持続可能性を巡り、持続可能な発展には環境面のみならず社会・経済面をも包含した報告書を目指すべきであるという議論になり、Elkington(1997)の「社会・経済・環境のトリプル・ボトムライン」の考えを踏まえ、サステナビリティ報告書のガイドライン策定を目指すことになる。ガイドラインの作成には、世界中の企業、業界団体、NGO、監査法人、コンサルタント、機関投資家、労働組合、学者等が参加し、マルチ・ステイクホルダー参加型の方法により行われた。GRI ガイドラインは、サステナビリティ報告書のガイドラインであると同時に、持続可能な企業経営に求められる事項をまとめたガイドラインであり、企業の今後目指すべき方向性を示唆するものである。1999 年 3 月に公開草案が公表され、2000 年 6 月にサステナビリティ報告書ガイドラインの第 1 版(G1)、2002 年 8 月に第 2 版(G2)、2006 年 10 月に第 3 版(G3)が公表された。

第Ⅱ部　現代企業の課題と持続可能なマネジメントの体系〈実践編〉

GRI ガイドライン(G3)の内容と特徴

　GRI ガイドライン(G3)[5]の構成は、サステナビリティ報告の概要、パート１、パート２、一般的な報告留意事項となっている。パート１(報告書内容、品質、バウンダリーを確定する)は、報告書内容の確定に関するガイダンス、報告書内容の確定に関する原則、報告書の品質確保に関する原則、報告書のバウンダリーの設定に関するガイダンスから構成されている。報告書内容の確定に関する報告原則は、重要性(マテリアリティ)、ステイクホルダーの包含性、サステナビリティ・コンテクスト、網羅性である。GRI ガイドライン(G3)への改訂のポイントの１つが、報告情報だけでなく報告書の内容を確定するためのプロセス(重要性の判断、報告書内のテーマの優先順位づけ、組織が報告書の利用を期待するステイクホルダーの特定等)を重視することである。

　マテリアリティとは組織の経済・環境・社会的影響の程度とステイクホルダーによる評価と意思決定への影響度により判断される情報の重要性を意味する。企業にとっては、マテリアリティの高い問題を識別・選別する CSR マネジメントの展開が鍵となる。また、ステイクホルダーの包含性の原則とは、報告組織は自らのステイクホルダーを特定し、報告書でステイクホルダーの妥当な期待と関心にどのように対応したかを説明すべきであると定義されているが、ステイクホルダー・エンゲージメントがそのための重要な手段として位置づけられ、詳しく触れられている。ステイクホルダー・エンゲージメント・プロセスは、ステイクホルダーの妥当な期待と関心事項を理解するためのツールとなる。ステイクホルダーの期待・関心事項は、報告書のスコープ(報告内容範囲)、バウンダリー(報告組織範囲)、指標の適用及び保証方法等、報告書作成時の決定の基準となるが、ステイクホルダーを特定せず参画もさせない場合より、体系的なステイクホルダー・エンゲージメントがあれば、ステイクホルダー側の受容性と報告の有益性が高まり、説明責任の実行による報告組織とステイクホルダーとの信頼関係も強化する[6]。

　さらに、サステナビリティ・コンテクストとは、自社事業による影響の範囲

を限定せずに、地域環境や地球環境への「より広範に影響を及ぼすものである」という認識を求め、グループ経営、グローバル経営、サプライチェーンをも視野に入れる必要性を唱えるものである。ISO14001のようなEMSは活動、製品・サービスに関しサイトベースでしっかり取り組まれているが、組織外の地域環境、地球環境への影響等のチェック機能が必ずしもないことを勘案するとサステナビリティ・コンテクストの重要性が窺える。

報告情報の品質確保のための報告原則には、バランス、比較可能性、正確性、適時性、明瞭性、信頼性が挙げられ、バウンダリー設定に関する報告ガイダンスも示されている。

以上、パート1では、マテリアリティやステイクホルダー・エンゲージメントを重視しつつ報告内容を決定する際の原則を中心に示されているが、パート2（標準開示）ではサステナビリティ報告書に記載されるべき基本的内容が明記されている。その構成内容は、戦略とプロフィール（①戦略及び分析、②組織のプロフィール、③報告要素、④ガバナンス、コミットメント及び参画、⑤マネジメント・アプローチ及びパフォーマンス指標）、経済、環境、社会（労働慣行とディーセント・ワーク（公正な労働条件）、人権、社会、製品責任）である。

GRIガイドラインは、経済・環境・社会の3側面でのサステナビリティ報告書ガイドラインとなっていることが特徴だが、特にパフォーマンス指標に関しては経済・環境・社会の分野ごとに詳細に示している。経済・環境・社会の分野ごとのサステナビリティの各パフォーマンス指標の側面は、経済（経済的パフォーマンス、市場での存在感、間接的な経済的影響）、環境（原材料、エネルギー、水、生物多様性、排出物・廃水及び廃棄物、製品及びサービス、コンプライアンス、輸送、全般）、社会（労働慣行とディーセント・ワーク：雇用、労使関係、労働安全衛生、研修及び教育、多様性と機会均等、人権：投資及び調達の慣行、無差別、結社の自由、児童労働、強制労働、保安慣行、先住民の権利、社会：コミュニティ、不正行為、公共政策、非競争的な行動、法規制遵守、製品責任：顧客の安全衛生、製品及びサービスのラベリング、マーケティング・コミュニケーション、顧客のプライバシー、法規制遵守）

と整理され、サステナビリティ経営として今後視野に入れるべき経済・環境・社会面での対象領域の広がりを示唆している。各パフォーマンス指標にはコア指標を指定し、その算定方法には詳細な指標プロトコル(算定基準)を示している。

　また、G3では報告書がGRIに準拠しているかどうかを示すために、アプリケーション・レベル・システムを通じたレベルの自己宣言を求めている。報告書に記載されたプロフィールの情報開示やパフォーマンス指標の数等を基準に報告書の完成度をC、C＋、B、B＋、A、A＋(報告書が外部保証を取り入れている場合は＋を各レベルにつけられる)の各レベルで宣言することを求めているが、自己宣言に加え、第3者からの意見を受ける、GRIのチェックを受けるといった選択も示している。なお、日本の大企業の場合は、既存の報告書レベルはAレベルに達しているといわれる。

　GRI指標には定量的なもの、定性的なものが混在しており、経済・環境・社会指標を単純に量的にトータルに評価するのは困難な面もある。また、各指標も今後さらに追加・検討され、より一層洗練化されることになろうが、持続可能な企業経営を評価する世界統一基準が未だ確立されていない状況下では、現在も企業が最も参照すべきガイドラインであることは間違いないし、持続可能性報告書を発行している大企業はほぼこのガイドラインに準拠した報告書を発行している。GRI指標に準拠した報告書作成に初めて取り組む企業は、それぞれの戦略ニーズ、状況に応じて、初歩的な報告指標の選択等の対応やガイドラインに従い徐々に指標を増やすことも可能である。

　最後に、財務報告とGRIガイドラインによるサステナビリティ報告との関係を明確にしておきたい。(7)財務報告は法的に義務づけられ作成される制度会計としての財務諸表による財務情報開示(制度的情報開示)によりなされるが、その法的論拠は、通常、株主等の企業への資金提供者に対する受託責任を果たすための財務的アカウンタビリティの履行・解除で説明される。それに対して、サステナビリティ報告書による情報開示(自発的情報開示)は、企業にとっての

資金提供者のみならず、直接的間接的に影響を及ぼし得るステイクホルダーに対して、企業活動への納得・信頼・合意を得るためになされる、財務的アカウンタビリティを拡大解釈した、社会に対する社会的アカウンタビリティが論拠となる。つまり、サステナビリティ報告は企業評価に影響を及ぼしかねないリスク情報の提供を行い、財務報告を補完しあるいはそれとの統合をも目するものとされる。そのため、例えば、GRIガイドラインの求める経済的パフォーマンスは、組織が及ぼす影響のサステナビリティの経済的側面に関わるものである。中でも、付加価値計算書(ステイクホルダー別分配計算書)が重要となる。経済パフォーマンスをいわゆる財務パフォーマンスと同一視する傾向があるが、この点は留意する必要がある。GRIガイドラインの経済・環境・社会の各パフォーマンス指標の多くは、物量情報・記述情報であり、貨幣数値にすべて還元することはできない。とはいえ、経済的パフォーマンスに関する情報のデータソースの多くが財務諸表にあり、環境会計やCSR会計も財務情報を加工して作成されることを勘案するならば、サステナビリティ報告と財務報告との将来的統合化を視野に入れることが今後の会計上の課題ともなろう。

3　環境報告書と環境報告ガイドライン

環境報告書とは

　環境経営を展開するには、ISO14001による環境マネジメントシステムを構築・運用することに加え、ステイクホルダーによる理解と支持を得るための環境情報の開示、環境アカウンタビリティが重要となる。そのツールとして普及してきたのが、環境報告書である。環境報告書は元来、1960～70年代に公害問題等の企業の社会的責任問題が顕在化した時期に欧米企業により公表が始まり、1990年代後半以降、欧米、日本等で環境情報の開示を中心とした公表が進んできたが、2000年以降、情報開示の領域が社会・経済面に広がってきた。
　環境報告書とは、「企業が自社の環境問題に対する基本方針や取り組み状況、

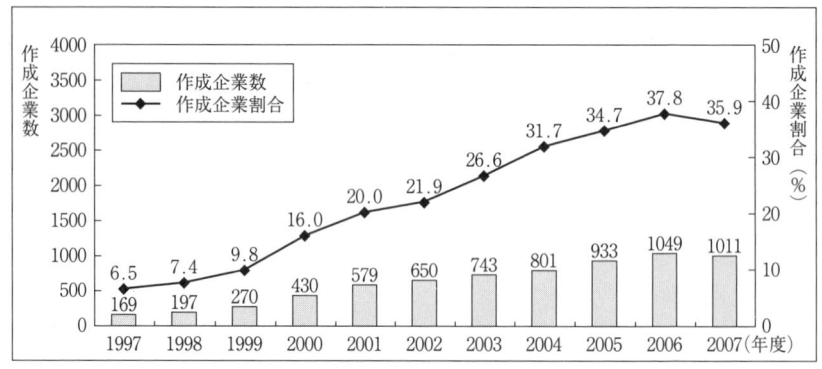

第Ⅱ部　現代企業の課題と持続可能なマネジメントの体系〈実践編〉

図5−1　環境報告書作成企業数の推移

出所：環境省(2008)p.5。

実際の環境負荷の状況やその増減等を包括的に報告する書類」[8]だが、企業が環境に対する自社の取り組みを開示し、環境パフォーマンスを向上させるツールとして、ここ10年ほどでISO14001と並行し急速に普及してきた。環境省の「環境にやさしい企業行動調査」によると、環境報告書作成企業数は2000年度の430社から2007年度には1011社と増加している（図5−1参照）。増加の背景には、この間のISO14001の普及に代表される企業での環境マネジメントシステムの普及・浸透の他、2003年3月に閣議決定された「循環型社会形成推進基本計画」が上場企業の約50％及び従業員500人以上の非上場企業の30％の環境報告書公表の推進目標を掲げたこと、さらには独立行政法人や国立大学法人のうち政令で定められた特定事業者に対し年1回の環境報告書の作成と公表を義務づけた「環境情報の提供の促進等による特定事業者等の環境に配慮した事業活動の促進に関する法律（環境配慮促進法）」が2004年5月に成立し、2005年4月より施行されたこと等がある。同法は大企業にも環境報告書を自主的に公表することを努力義務としても盛り込んでいる。法的に特定企業の開示が義務づけられているデンマークやオランダに対し、日本では民間企業に対しては法的拘束力はないが、同法の施行により環境報告書作成企業数がさらに増えるものと予想される。

ただ、最近は、持続可能な社会構築の中で、企業としても環境情報の開示だけでなく、労働環境、人権問題、消費者問題、組織のガバナンス等、社会情報の開示とアカウンタビリティを果たす意味から、「環境・社会報告書」、「CSR報告書」、「サステナビリティ(持続可能性)報告書」として公表する企業が増えてきた。これは、先に見たGRIガイドラインからも明白だが、現代企業が視野に入れるべき問題領域の広がりを示唆し、環境経営からCSR経営、そして持続可能な企業経営へと進化する方向性を示唆しているともいえよう。

環境省の『環境報告ガイドライン(2007年版)』

ステイクホルダーに環境経営の状況と成果を報告し、企業評価の有用なツールともなる環境報告書は、環境ラベル、環境適合設計、環境会計等と並び、企業にとっては環境コミュニケーションの重要なツールの1つであり、その役割も増しつつある。

環境省は、まず1997年に『環境報告書作成ガイドライン——よくわかる環境報告書の作り方』を公表、2001年に『環境報告書ガイドライン(2000年度版)』、2004年度に『環境報告書ガイドライン(2003年度版)』を公表した。さらに、その後の環境経営やCSRへの関心の高まり等を踏まえ、2007年6月に『環境報告ガイドライン——持続可能な社会をめざして(2007年版)[9]』が公表された。

改訂のポイントは、「①主要な指標等の一覧の導入、②環境報告の信頼性向上に向けた方策の推奨、③ステイクホルダーの視点をより重視した環境報告の推奨、④金融のグリーン化の促進(環境に配慮した投融資の促進)、⑤生物多様性の保全と生物資源の持続可能な利用の促進」であるが、以下、その内容構成を見てみよう。

第1章では環境報告書の定義の他、以下の項目に関し論及されている。環境報告書の基本的機能には、外部機能(①事業者の社会に対する説明責任に基づく情報開示機能、②ステイクホルダーの判断に影響を与える有用な情報提供機能、③事業者

の社会との誓約と評価による環境活動等の推進機能)、内部機能(④自らの環境配慮等の取組に関する方針・目標・行動計画等の策定・見直しのための機能、⑤経営者や従業員の意識づけ、行動促進のための機能)がある。環境報告を行う際の一般的報告原則としては、目的適合性、信頼性、理解容易性、比較容易性が挙げられ、環境報告書の基本的要件は、報告対象組織の明確化(組織範囲(バウンダリー)の明示)、報告対象期間の明確化、報告対象分野の明確化である。特に報告対象分野の明確化に関しては、持続可能な企業経営の構築という観点からも環境面のみならず社会面(労働安全衛生、雇用、人権、地域及び社会貢献、コーポレート・ガバナンス、企業倫理、コンプライアンス及び公正取引、個人情報保護、消費者保護・製品安全等)や経済面(売上高・利益の状況、資産、投融資額、賃金、労働生産性、雇用創出効果等)も報告対象分野に拡大する事業者が増加する傾向に鑑み、どの分野まで報告対象とするのかを明示することが重要となってきている。もっとも、社会・経済分野に関しては、どのような項目・内容をどのように取り扱うかに関し、いまだ社会的合意が形成されているとはいえないのが現状であるが、GRIガイドライン(G3)、ISO26000等も参考にしつつ、社会・経済分野への報告対象の拡大が今後期待されるところである。

　さらに、第1章では環境報告書活用の留意点のほか、環境報告書の内容・信頼性向上(情報の網羅性、正確性、中立性、検証可能性の観点からより適切なものとする)のための方策として、事業者自らが行う自己評価の実施、内部管理の徹底、内部監査基準や環境報告書作成の基準等の公開、社内監査制度等の活用のほか、事業者以外の第3者が実施するものとして、双方向コミュニケーション手法の組み込み、第3者による意見、第3者による審査、NGO・NPO等との連携による環境報告書の作成等が紹介されている。

　第2章では環境報告の記載項目の全体的構成が提示され、第3章、第4章では個別の記載項目が示され、各記載項目毎に記載する情報・指標、記載することが期待される情報・指標、解説、情報記載あるいは指標算定にあたっての留意点が詳細に整理されている。環境報告として記載される情報・指標は、以下

の5分野である。基本的項目(BI：Basic Information)(5項目)、「環境マネジメント等の環境経営に関する状況」を表す情報・指標(環境マネジメント指標：MPI：Management Performance Indicators)(12項目)、「事業活動に伴う環境負荷及びその低減に向けた取組の状況」を表す情報・指標(オペレーション指標：OPI：Operational Performance Indicators)(10項目)、「環境配慮と経営との関連状況」を表す情報・指標(環境効率指標：EEI：Eco-Efficiency Indicators)、「社会的取組の状況」を表す情報・指標(社会パフォーマンス指標：SPI：Social Performance Indicators)である。[10] なお、以上のうち、環境マネジメント指標(MPI)、オペレーション指標(OPI)、環境効率指標(EEI)の3分野の情報・指標を合わせ「環境パフォーマンス指標(EPI：Environmental Performance Indicators)と呼ばれる。特に第4章では、最近の報告対象分野の広がりに対応し、社会情報に関し、どういう情報を盛り込むべきかという議論がある中で、社会的関心が高く、法律等の規制等があるという基準から、社会パフォーマンス指標として、労働安全衛生、雇用、人権、地域及び社会に対する貢献、コーポレートガバナンス・企業倫理・コンプライアンス及び公正取引、個人情報保護、広範な消費者保護及び製品安全、企業の社会的側面に関する経済的情報・指標、その他の社会的項目の9種類に関する情報・指標が紹介されている。因みにGRIガイドライン(G3)では、社会パフォーマンス指標項目として、労働慣行とディーセント・ワーク(公正な労働条件)、人権、社会、製品責任の4つを挙げているが、『環境報告ガイドライン(2007年版)』では社会的側面の情報・指標は、それぞれの業種や規模等により異なるので、ガイドラインを参考にそれぞれの状況に応じた項目を具体的に記載するよう述べている。[11]

　第5章では、環境報告充実に向けた今後の課題として、ステイクホルダーとの協働による質の高い環境報告、環境報告の活用方策の評価機関も含めた関係者による開発、社会的取組状況の自主的開示のそれぞれの必要性に言及している。特に、環境報告書の質的充実には開示情報の妥当性と信頼性の確保が不可欠となる。日本企業でもステイクホルダー・ミーティング等のステイクホルダ

ー・ダイアログを展開する企業が増えているが、報告書の信頼性を得る最も効果的な方法は、第3者保証を受けることである。国際的な保証基準としては、イギリスのAccountAbilityが公表したAA1000保証基準(AA1000AS)、国際会計士連盟の国際保証業務基準3000(IASE3000)等がある。2003年に公表されたAA1000保証基準は重要性、完全性、対応性を基本原則としているが、ステイクホルダーを意識した対応等が特徴的である。日本では日本公認会計士協会が2001年に「環境報告書保証業務指針——試案(中間報告)」を公表し、信頼性基準として、記載項目の網羅性と記載事項の正確性を提示している。なお、日本では保証業務機関が合同で2005年に日本環境情報審査協会を設立し、一定基準に達している環境報告書等の審査登録制度がスタートしている。又、同協会はサステナビリティ報告書の増加を踏まえ、2007年には有限責任中間法人「サステナビリティ情報審査協会」となっている。

最後に、参考資料としては、主要指標等の一覧、用語解説、国内外での研究成果、チェックリスト等が紹介されている。

以上、見てきたように、時代の変化に応じ改訂された『環境報告ガイドライン(2007年版)』は環境報告書に記載すべき事項のガイドラインであると同時に、環境経営が目指すべき方向性を示唆したものである。法的義務のない自主的開示であるにもかかわらず、環境情報開示を包括的に各社による創意工夫によりステイクホルダーに報告するツールである。特に、環境情報開示に関しては、ISO14001の普及・浸透によるPDCAサイクルの確立もあり、環境に関する目標・実績の報告、環境パフォーマンスデータも詳細に定量的に開示されているケースが多い。ただ、日本企業の中でも環境報告書からCSR報告書等へと名称変更する企業が増加する中で、環境情報の開示と社会情報の開示のあいだには依然大きな格差が厳然とあるのも事実である。これは多くの社会情報が、未だ企業の社会活動等の紹介の域を出ず、定量的なデータより定性的な説明に終始している傾向が物語っている。この背景には、欧米企業でもまだ少数といわれるが、日本企業の多くでCSR活動を全社的なPDCAのマネジメントサイク

ルとして確立させる CSR マネジメントの構築が未確立ないしは模索中であることが考えられる[12]。

なお、環境報告書の普及に従い、環境省の『環境報告書ガイドライン』と GRI ガイドラインも併用して参考にする企業が急速に増加していることに鑑み、環境省と GRI は両ガイドラインが相互補完的に活用され、企業の環境コミュニケーションの更なる質的向上を目指し、併用する際のガイダンスを提供する手引きを共同で作成している。環境報告書ガイドライン(2003年度版)と GRI ガイドライン(G2)の併用の手引きとしては、環境省(2005)『環境報告書ガイドラインと GRI ガイドライン　併用の手引き』が公表されているが、今後は、環境報告ガイドライン(2007年版)と GRI ガイドライン(G3)の併用による、より精度の高い情報開示が期待される。

経済・環境・社会のトリプル・ボトムラインに配慮したアカウンタビリティが問われ、より広範な報告対象分野での信頼性を保持した情報開示が重要となってくる中で、先進的企業の現場では、今後、環境省の『環境報告ガイドライン(2007年版)』と GRI ガイドライン(G3)の併用による、より精度の高い情報開示が行われることが期待される。

4　サステナビリティ統合マネジメントのあり方
──SIGMA ガイドラインが示唆するもの──

SIGMA ガイドラインとは

企業が今後、持続可能な企業経営を目指すには持続可能なマネジメントの体系的なあり方を探る必要がある。現場でもその模索が続いているものの、GRI ガイドラインをはじめ、環境経営・環境マネジメント領域での規格、環境報告ガイドライン・環境会計の整備・体系化、CSR に関する基準・規格の整備等、持続可能な企業経営の構築のための支援ツールが近年になり急速に充実してきた。こうした支援ツールを体系的に活かしつつ、持続可能な経営モデル構築に役立てるように開発されたガイドラインが、2003年9月に英国の SIGMA プ

ロジェクトが発行した SIGMA (Sustainability Integrated Guidelines for Management) ガイドラインである。最後に、SIGMA ガイドラインを通じて、今後のサステナビリティ統合マネジメントシステムの方向性を展望したい[13]。

SIGMA ガイドラインは、自然環境や社会環境への対応及びそこからのリスクやビジネスチャンスを戦略的に統合管理するフレームワークを提示しており、その特徴(マルチステイクホルダー参加型、パフォーマンスの改善達成を主たる目的に設定、既存の規格や先進的取り組みとの両立性、ステイクホルダー・エンゲージメントを信頼性確保の方法として重視、認証用ではなく実践のためのガイドライン)は、SR規格化の議論での各ステイクホルダーの論点とも一致している[14]。

SIGMA ガイドラインは、英国貿易産業省(DTI)の支援を受け、英国規格協会(BSI)、AccountAbility、Forum for the Future の3組織が主導し、1999年7月に立ち上げられた SIGMA プロジェクトにおいて開発され、2003年9月に SIGMA ガイドライン最終版が発行された。その開発はマルチステイクホルダー参加型の方法が採用され、1000を超える組織や個人の意見が反映されたものとなっているという点で、GRI ガイドラインと類似している。開発にはGRI、ナチュラルステップ、サステナビリティ社等も参加している。また、SIGMA ガイドラインの大きな特徴は、新たな概念の提示というより、既存の取り組みや規格を統合させたものであり、企業にとり実現可能性という観点からも現実的な実践モデルとなり得るものである。トリプル・ボトムライン、ナチュラル・ステップ等の概念、ISO9001、ISO14001、OHSAS18000 等のマネジメントシステム規格、GRI ガイドライン、AA1000 のような先進的な成果を取り込み、それらを有機的に結合させ PDCA モデルに統合し、経済、環境、社会面でのリスクとビジネスチャンスへの対応、組織のパフォーマンス向上を目指したものとなっている。特に、既存の ISO9001 や ISO14001 は社内の管理システムで、外部への説明責任といった視点が欠落しがちであることに比べ、ステイクホルダーへのアカウンタビリティを重視していること、さらに既存のISO システム規格の踏襲のみではパフォーマンス改善に繋がり難いことに関す

る議論も踏まえ、自らのパフォーマンスをチェックし、それを公表する機構をシステム規格に取り組むことで克服しようと試み、パフォーマンスのモニタリングと公表を重要視していることが特徴である。

SIGMAガイドラインは、SIGMA原則、SIGMAマネジメント・フレームワーク、SIGMAツールキットの3つのパートから構成されている。[15]

SIGMA原則は、サステナビリティ経営を構築するための原則であるが、「トリプル・ボトムライン」の概念をベースにしつつ、組織の影響や資産を反映する、5つの資本である自然資本、社会資本、人的資本、製造資本、金融資本の維持・強化と説明責任を示し(図5-2)、企業独自の原則策定のための考え方が示されている。実際には環境の完全性が経済と社会の前提条件であるにもかかわらず、3要素を同等かつトレードオフであるかの如く認識したり、3要素の相互関連性を見落とすといった、「トリプル・ボトムライン」の弱点を克服することを目指し策定されている。

SIGMAマネジメント・フレームワークは、既存の品質管理・環境・労働安全衛生等のオペレーションレベルのマネジメントシステムやコーポレート・ガバナンスの仕組みの上に、それらを統合する目的で導入される戦略レベルのマネジメントシステムと位置づけられ、企業のサスティナビリティ・パフォーマンスを管理するためのPDCAサイクルの下に、統括された個々の分野の従来のマネジメントが行われる。[16] 5つの資本の維持・強化と説明責任を果たすために、PDCAモデルに相当する「リーダーシップとビジョン」「計画」「実施」「監視、見直し、報告」の4フェーズから構成され(図5-3)、各フェーズで参考となる既存の規格やツール等がリストアップされており、サステナビリティ課題を企業のコアプロセスや意思決定プロセスに組み込むためのマネジメントの仕組みを提示している。さらに、4つのフェーズの全段階での役員クラスのシニアマネジメントのコミットメントが求められ、リーダーシップの重要性が唱えられている。

SIGMAツールキットは、SIGMAマネジメント・フレームワークの導入の

第Ⅱ部　現代企業の課題と持続可能なマネジメントの体系〈実践編〉

図5-2　SIGMA原則
出所：SIGMA（2003a）p.4。

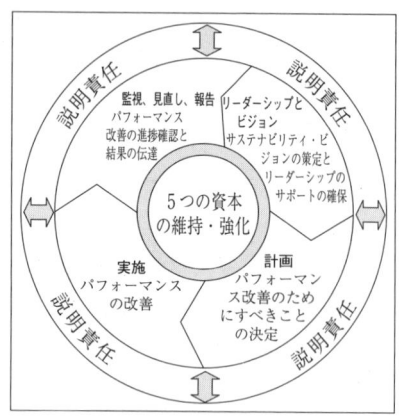

図5-3　SIGMAマネジメント・フレームワーク
出所：SIGMA（2003a）p.5。

ための支援ツール群である。サステナビリティ課題に取り組むために、SIGMAのために開発されたものの他、既存の規格やツールをベースにしたもの等、13種類のツールやガイドで構成されている[17]。AA1000保証規格のためのSIGMAガイドライン、SIGMAビジネス・ケース・ツール、SIGMA両立性ツール、SIGMA環境会計ツール、GRIサステナビリティ・レポーティング・ツールのためのSIGMAガイド、SIGMAサステナビリティ・マーケティングツール、SIGMAパフォーマンス・レビュー・ツール、SIGMAリスクとビジネス機会ガイド、持続可能な発展に関連するガイドラインや規格のためのSIGMAガイド、ステイクホルダー・エンゲージメントのためのSIGMAガイド、サステナビリティ課題のためのSIGMAガイド、SIGMAサステナビリティ会計ガイド、SIGMAサステナビリティ・スコアカードである。

SIGMAマネジメント・フレームワークとSIGMAガイドラインの示唆

　SIGMAマネジメント・フレームワークは、サステナビリティ課題を組織のプロセスの中心に組み込み、管理するための4つのフェーズからなるサイクル

第**5**章　持続可能性とマネジメントのあり方

を詳細にかつ実践的に示したものだが、本書では、特に持続可能なマネジメント・システム構築の際のマネジメント・プロセスに関し、体系的かつ詳細なガイドラインとなっている SIGMA マネジメント・フレームワークに着目したい。

　表 5-1 は、SIGMA マネジメント・フレームワークの4つのフェーズを整理したものだが、SIGMA ガイドラインでは、各フェーズとそのサブ・フェーズごとに、そのフェーズで焦点を当てるべき主要課題、対象とする活動が組織の選択した原則とどのようにリンクしているかの照合、そのフェーズに関係する必要ある担当者、主要活動、活動に取り組む時期、役立つリソースのリスト、期待される成果やアウトプット、組織が認識すべき、導入における主要課題等が整理されている。[18]

　フェーズ1の「リーダーシップとビジョン」では、トップレベルのコミットメントを確保し、サステナビリティのためのビジョンを定め、指導的サポートを確保することが目的であり、サブフェーズは LV1：ビジネス・ケースとトップレベルのコミットメント→LV2：ビジョン、ミッション、経営上の原則→LV3：コミュニケーションとトレーニング→LV4：組織内文化の変革である。フェーズ2の「計画」では、パフォーマンスの改善のためにすべきことを決定するために、事業活動による経済・環境・社会面への影響評価とマネジメント計画を策定することが目的であり、サブフェーズは P1：パフォーマンス・レビュー→P2：法規制の分析と管理→P3：活動、影響、成果→P4：戦略計画→P5：戦術計画である。フェーズ3の「実施」では、パフォーマンスを改善するために、ビジョンの実践とそのための組織の内部統制を構築することが目的であり、サブフェーズは D1：マネジメントの変革→D2：マネジメント・プログラム→D3：組織内部の統制と組織外への影響である。フェーズ4の「監視、見直し、報告」では、パフォーマンスが改善されているか、結果が伝達されているかを確かめるため、パフォーマンスの監視・測定、計画の見直し、活動、影響、成果に関する社内外への報告とその保証が目的であり、サブフェーズは MRR1：監視、測定、監査、フィードバック→MRR2：戦略・

第Ⅱ部　現代企業の課題と持続可能なマネジメントの体系〈実践編〉

表5-1　SIGMAマネジメント・フレームワークの4つのフェーズとサブフェーズ

リーダーシップとビジョン LV1 ビジネス・ケースとトップレベルのコミットメント LV2 ビジョン、ミッション、経営上の原則 LV3 コミュニケーションとトレーニング LV4 組織内文化の変革	・サステナビリティへの課題に取り組むためのビジネス・ケースを策定し、サステナビリティとステイクホルダー・エンゲージメントのプロセスをコアとなる事業プロセスや経営の意思決定に統合するために最高経営層の十分な理解とコミットメントを確保する。 ・ステイクホルダーを特定し、主要なインパクトや取組の提案について対話を始める。 ・組織の持続可能な発展に関する長期ミッション、ビジョン、経営上の原則、そしてそれをサポートする戦略を策定し、定期的にそれらを再検討する。 ・サステナビリティへの課題及びそれが操業許可や将来の方向性に与える影響、トレーニングと開発の要求事項に関する意識を高める ・サステナビリティ課題、及びその課題が与える組織のビジネスの存続や将来の方向性、トレーニングとその開発上の要求事項への影響に対する認識を高める。 ・サステナビリティに向けた動きに対して協力的な組織文化にする。
計　画 P1 パフォーマンス・レビュー P2 法規制の分析と管理 P3 活動、影響、成果 P4 戦略計画 P5 戦術計画	・組織のサステナビリティ・パフォーマンス、法的要求事項、自主的なコミットメントの現状を確かめる。 ・組織にとっての、サステナビリティの主要な課題を特定、優先順位をつける。 ・組織のビジョンを実施し主要なサステナビリティ課題に取り組むための戦略計画を策定する。 ・計画内容をステークホルダーと協議する。 ・定められた目的・目標、責任を伴う持続可能な発展のための戦略をサポートし、短期の戦術的行動計画を策定する。
実　施 D1 マネジメントの変革 D2 マネジメント・プログラム D3 組織内部の統制と組織外への影響	・戦略計画、戦術計画、組織のサステナビリティ・ビジョンを踏まえたマネジメント・プログラムを整理し、優先順位をつける。 ・特定された活動、影響、結果、法的及び自主的要求事項が管理され、適切な内部統制が行われているかを確かめる。 ・サステナビリティ戦略と関連する行動計画の実行を通してパフォーマンスを改善する。 ・持続可能な発展を進めるべく、サプライヤー、同業他社、その他組織など組織外へ適切な影響力を行使する。
監視、見直し、報告 MRR1 監視・測定、監査、フィードバック MRR2 戦略・戦術計画の見直し MRR3 進捗の報告 MRR4 報告の保証	・文書化された価値観や戦略、パフォーマンスの目的・目標に対する進捗状況を監視する。 ・報告や保証を通して、内部及び外部のステイクホルダーと関係を築き、そのフィードバックを効果的な戦略・戦術計画の見直しに組み込むことによって、結果として適切かつ適時な変革に至る。

出所：SIGMA（2003a）p.6。

戦術計画の見直し→MRR3：進捗の報告→MRR4：報告の保証である。

　以上のように、SIGMA マネジメント・フレームワークは PDCA モデルに相当するマネジメント・プロセスを実際に構築する際の実践的モデルを提供し、それぞれの局面での参照すべき支援ツールの紹介等も詳細に行っている。ISO26000 がマネジメントシステム規格ではなく、マネジメント・プロセスを直接意識した構造となっていないことからも、持続可能なマネジメントないしサステナビリティ統合マネジメントのあり方を考察する際に、SIGMA ガイドラインが重要なインプリケーションを与えることとなることに注目したい。既存の ISO9001、ISO14001 等の MS と比較した特徴としても、企業の透明性の向上のためのステイクホルダーへのアカウンタビリティを重視し、パフォーマンスのモニタリングと公表のための機構をシステム規格に取り込んでいること等が挙げられる。実際、英国企業での活用事例の中で、SIGMA ガイドラインを活用した持続可能なマネジメントシステムの構築・運用も紹介されているが[19]、ただ SIGMA ガイドラインはあくまで戦略レベルのサステナビリティ課題への取り組みの仕組みが明確にシンプルに示されているのであり、オペレーショナルな次元での多様なマネジメントシステムの調整・統合の具体的説明不足や実際の調整手法といった点には限界もある。さらに、包括的で参照ツールキットが充実している反面、既存の取り組みの調整・統合に関する具体的な説明不足のほか、重要な社会的責任事項の選定方法や、トリプル・ボトムラインの弱点克服を企図した5つの資本に関する問題、各ツールキットに関する検証等、克服すべき課題もある。なお、BSI では SIGMA ガイドライン、GRI ガイドライン、AA1000 保証基準をベースにサステナビリティ・マネジメントのガイドライン規格である BS8900 の開発に着手し、BS8900 のドラフト（2005年9月発行）は ISO26000 のドラフトとして提案された。

　上述したような課題・限界もあるものの、SIGMA ガイドラインは、企業が CSR マネジメントないし持続可能なマネジメントシステムを構築する際の具体的かつ詳細なガイドラインを提示した体系的実践モデルであり、サステナビ

第Ⅱ部　現代企業の課題と持続可能なマネジメントの体系〈実践編〉

リティ統合マネジメントのあり方の1つの実現の方向を示している。今後は、ISO14001に代表される既存のマネジメントシステムとその支援ツール、CSR経営のためのSR規格、ステイクホルダーへのアカウンタビリティを果たすためのGRIガイドライン、環境報告ガイドライン、環境会計ガイドラインの体系が充実しつつある中で、企業はより洗練されたサステナビリティ統合マネジメントシステムの構築と展開が問われよう。

5　むすび

1では持続可能性概念の変遷過程と企業経営にとってのトータル概念としての今日的意味合いについて述べ、2と3では持続可能性に関わるガイドラインとしてGRIガイドラインと環境報告ガイドラインに関し論及し、4でSIGMAガイドラインの概要とサステナビリティ統合マネジメントとしてのSIGMAマネジメント・フレームワークの意義と限界を考察し、SIGMAガイドラインの示唆する方向性を指摘した。

トータルとしての持続可能性が新たなコンテクストとなる中、現代企業には経済・環境・社会のトリプル・ボトムラインに配慮したマネジメントが求められる。環境経営やCSRを評価・支援する市場社会の整備も欠かせないが、今後は、企業の環境対応・社会対応と企業業績との相関関係も問われる。費用対効果分析や多変量解析による経済性・環境性・社会性を構成する各変数の相関関係やCSP測定方法の精緻化等の企業評価を巡る研究の深化・発展とともに、環境経営・CSR経営、そして経済・環境・社会面でのパフォーマンス向上のためのサステナビリティ統合マネジメント理論の体系的構築が期待される。第6章では、サステナビリティ統合マネジメント、ないし持続可能なマネジメントの体系的枠組みの提示を行う。

---

(1)　ISO／DIS 26000(2009.9)p.9。

第5章　持続可能性とマネジメントのあり方

(2) Elkington(1997)p. 397.
(3) *Ibid.*, p. 73.
(4) もっとも、GRI ガイドライン、SIGMA ガイドラインでは、社会→経済→環境という3層規定構造は想定していない。
(5) GRI(2006), *Sustainable Reporting Guidelines 2006*(GRI 日本フォーラム訳『サステナビリティ　レポーティング　ガイドライン』2006 年)を参照。以下、特に断りがない場合はここからの引用である。
(6) 以上、同書、p. 10。
(7) 以下の考察は、主に山上他編著(2005)pp. 2-69、香川・小田(2008)pp. 6-20 を参照した。
(8) 國部他(2007)p. 187。
(9) サステナビリティ報告書、社会・環境報告書、CSR 報告書等、「環境報告書の名称や報告の内容が多様化していることから、環境報告書で定期的に環境報告を記載する際の指針を示すものとして」(環境省(2007)『環境報告ガイドライン(2007 年版)』p. 2)、今回、名称は『環境報告ガイドライン』と改められた。なお、以下の引用は特に断りがない場合は、同書からによる。
(10) 紙数の関係上、詳しくは、環境省、前掲書を参照されたい。
(11) 環境省、前掲書、p. 94。
(12) 以上、國部他、前掲書、pp. 190-192、pp. 298-299。
(13) SIGMA(2003a)、SIGMA(2003b)、SIGMA プロジェクトのHP(http://www.projectsigma.com)、浦出(2004)pp. 1-25、八木(2005d)pp. 79-95、BSI ジャパンのHP(http://asia.bsi-global.com/Japan + Sustainability/)等を参照。
(14) 浦出(2004)p. 24。
(15) なお、詳細は SIGMA(2003a)、SIGMA(2003b)を参照されたい。
(16) 浦出(2004)p. 12。
(17) 詳しくは、SIGMA(2003b)を参照されたい。
(18) 詳しくは、SIGMA(2003a)を参照されたい。
(19) 例えば、浦出(2004)等を参照されたい。

* 本章は、八木(2008b)を基に、加筆・修正したものである。

第6章
持続可能なマネジメントの体系と展開

ここまで、第Ⅰ部では既存のマネジメント研究の動向、マネジメントの新潮流としての環境マネジメントとCSRマネジメントを巡る理論展開と規格の整備状況をトレースし、第Ⅱ部の第4章と第5章では、現代企業の直面する新たな状況、持続可能性と今後のマネジメントのあり方を考察してきた。以上の考察を受け、本章では、まず現代企業の直面するサステナビリティ課題とステイクホルダーへの対処に関し考察した上で、持続可能なマネジメントとは何かを明確にする。そして、先行研究の意義と限界を踏まえつつ、環境マネジメント、CSRマネジメントの統合形態としての持続可能なマネジメントの体系的枠組みを提示し、持続可能なマネジメントの展開を考察する。

1 現代企業の直面するサステナビリティ課題とステイクホルダーの特定

現代企業は持続可能性への対応という新たなコンテクストに直面している。今後、企業は環境や社会面でどういう課題に具体的に対応していかねばならないのであろうか。1996年の発行以来、ISO14001の普及と浸透に伴い急速にマネジメントシステムが構築されてきた環境経営から、CSR課題への対処が問われるCSR経営へと進化していく中で、持続可能性への対応が企業の現場で模索されている。

ここでは、まず現代企業が直面するサステナビリティ課題を整理・検討した代表的なものとして、国連グローバル・コンパクトとISO26000を見てみたい。

第Ⅱ部　現代企業の課題と持続可能なマネジメントの体系〈実践編〉

　企業行動のあり方への模索が続く中、2000年7月に当時のアナン国連事務総長により提唱され、発行された企業行動原則が、国連グローバル・コンパクトである。これは1999年にアナン事務総長がダボスの世界経済フォーラム(WEF)で提唱したもので、グローバルな社会的課題の解決へのイニシアティブを発揮すべき考え方をグローバル企業に示したものである。グローバル・コンパクトに署名し参画する企業は各国でローカル・ネットワークを形成し、日本でもグローバル・コンパクト・ジャパン・ネットワーク(GC-JN)[1]が活動を展開しているが、あくまで行動のあり方を具体的に提示したものではなく、グローバル・コンパクトに参加する企業に自ら具体的な取り組みを決定することを求めるものである。以下が、グローバル・コンパクトの10原則[2]である(なお、原則10は2004年6月に追加された)。

　　人　　権　　①人権擁護を支持し尊重する
　　　　　　　　②自らは人権侵害には加担しない
　　労働基準　　③組合結成の自由と団体交渉権を実効あるものとする
　　　　　　　　④あらゆる形態の強制労働は排除する
　　　　　　　　⑤児童労働の実効的な廃止を支持する
　　　　　　　　⑥雇用と職業における差別を撤廃する
　　環　　境　　⑦環境問題の予防的アプローチを支持する
　　　　　　　　⑧環境に対する責任を率先して引き受ける
　　　　　　　　⑨環境にやさしい技術の開発と普及を奨励する
　　腐敗防止　　⑩強要と贈収賄を含むあらゆる形態の腐敗防止に取り組む

　以上のように、グローバル・コンパクトでは企業が取り組むべきCSRの課題領域として、人権、労働基準、環境、腐敗防止を取り上げている。
　さらに、2010年11月発行のSRのガイダンス規格となるISO 26000では、7つの中核主題として、①組織統治、②人権、③労働慣行、④環境、⑤公正な

第6章　持続可能なマネジメントの体系と展開

事業慣行、⑥消費者に関する課題、⑦コミュニティ参画及び開発、を取り上げ、CSR領域の拡大が窺える。グローバル・コンパクトの10原則と比べると、組織統治、消費者に関する課題、コミュニティ問題等が追加された形であるが、これは昨今の企業の対応すべきステイクホルダーの多様化が反映されているといえよう。グローバル・コンパクトの10原則で取り上げられている人権、労働、環境、腐敗防止(あるいは公正な事業慣行)はこれまでのCSR課題領域の主要分野であり、企業が重視すべきステイクホルダーが主に従業員、環境、取引先等であったことを物語っている。しかし、ISO26000はさらに株主、消費者、地域住民、サプライヤー等が企業にとって重要となってきたことを示唆する。昨今のコーポレート・ガバナンス、消費者問題、地域住民との関わり、サプライチェーンを巻き込んだSCMやCSR展開等を巡る様々な問題への企業の取り組みを市場や社会が注視していることからも容易に想像できよう。

　以上、現代企業の直面するサステナビリティ課題を整理・検討する手掛りとして、国連グローバル・コンパクトとISO26000を見てきたが、国連グローバル・コンパクトの10原則はシンプルなものであり、ISO26000はあらゆる種類の組織にとってのSR諸課題(ないしサステナビリティ諸課題)の広範な主要領域を整理しているが、一方で汎用性が高い分、具体性に欠ける面が否めない。

　そこで、本書ではこれらを踏まえ、ISO26000による中核主題別に、企業の取り組むべき具体的項目事項を、各社の『サステナビリティレポート2009』等を参考に整理した(表6－1)。
(3)

　それぞれの分野で想定される諸課題は、組織統治分野(すべてのステイクホルダー対象)では企業価値の維持・向上、利益の適正配分、金融商品取引法及び会社法による内部統制管理の徹底、企業倫理・コンプライアンス体制、適時・適切な情報開示とコミュニケーションの推進等、人権と労働慣行分野(主に従業員対象)では人権と多様性の尊重、雇用機会の確保、公正な評価と処遇、能力開発への支援、人材活用と育成、多様な働き方への支援、労働安全衛生と健康・メンタルヘルスへの配慮、ワーク・ライフ・バランスの推進等、環境分野(地

153

第Ⅱ部　現代企業の課題と持続可能なマネジメントの体系〈実践編〉

表6-1　サステナビリティ課題の基本分野及びステイクホルダー別対応課題と企業の取り組むべき項目事例

基本分野（ISO26000の中核主題）	対象となるステイクホルダー	企業の取り組むべき項目事例
組織統治	すべてのステイクホルダー	企業価値の維持・向上、利益の適正配分、金融商品取引法及び会社法による内部統制管理の徹底、企業倫理・コンプライアンス体制、適時・適切な情報開示とコミュニケーションの推進
人　権 労働慣行	主に従業員等	人権と多様性の尊重、雇用機会の確保、公正な評価と処遇、能力開発への支援、人材活用と育成、多様な働き方への支援、労働安全衛生と健康・メンタルヘルスへの配慮、ワーク・ライフ・バランスの推進
環　　境	地球環境、地域社会等	低炭素社会への貢献、地球温暖化防止、省資源・省エネルギーの促進、廃棄物の発生抑制とゼロ・エミッションの推進、自然環境・生物多様性の保全
消費者課題 公正な事業慣行	主に消費者、取引先等	安全・安心で価値ある製品・サービスの提供、環境・社会配慮型製品・サービスの提供、適切な情報の提供と適正な情報管理、適切な消費者対応・サポート、消費者啓発活動・教育、調達先の公平で公正な選定と取引、CSR調達への理解と協力
コミュニティ参画及び開発	主に地域住民、NGO・NPO、自治体、政府等	地域環境の保全、地域雇用の維持・創出、地域経済の活性化、地域文化・慣習の尊重、地域活動への参画と貢献、事業場での事故・災害防止、周辺地域での災害時支援、社会的諸課題解決への協働、社会的諸課題解決のための政策への理解と協力、法令遵守、税金の納付

出所：各社の『サステナビリティレポート2009』等を参考に、筆者作成。

球環境が対象）では低炭素社会への貢献、地球温暖化防止、省資源・省エネルギーの促進、廃棄物の発生抑制とゼロ・エミッションの推進、自然環境・生物多様性の保全等、消費者課題と公正な事業慣行分野（主に消費者、取引先等が対象）では、安全・安心で価値ある製品・サービスの提供、環境・社会配慮型製品・サービスの提供、適切な情報の提供と適正な情報管理、適切な消費者対応・サポート、消費者啓発活動・教育、調達先の公平で公正な選定と取引、CSR調達への理解と協力等、コミュニティ参画及び開発分野（主に地域住民、NGO・NPO、自治体、政府等が対象）では、地域環境の保全、地域雇用の維持・創出、

地域経済の活性化、地域文化・慣習の尊重、地域活動への参画と貢献、事業場での事故・災害防止、周辺地域での災害時支援、社会的諸課題解決への協働、社会的諸課題解決のための政策への理解と協力、法令遵守、税金の納付等である。

このように、現代企業が対応すべきCSRないしサステナビリティ課題が拡大・多様化する中で、サステナビリティ対応を展開するには企業の直面する課題の中で当該企業にとって何が重要な問題なのかを的確に見極めることが重要となる。いわゆるマテリアリティの問題であり、組織の経済・環境・社会的影響の程度とステイクホルダーによる評価と意思決定への影響度により判断される情報の重要性を意味する。企業にとっては、マテリアリティの高い問題を識別・選別することが重要となる。そしてその上で、どのステイクホルダーに主に対応すべきかを特定し、エンゲージしていくマネジメントの確立が必要となる。GRIガイドライン(G3)でもマテリアリティとステイクホルダー・エンゲージメントを重視していることは既に見たところである。そして、その際の鍵は経営トップのサステナビリティ課題に対する認識やコミットメントに大きく左右されることも銘記しておく必要がある。

2 持続可能なマネジメントとは

本書では、持続可能な経営を環境経営、CSR経営の拡大・発展・統合形態を意味する包括的コンセプトとして捉えているが(従って、それぞれを実現するためのマネジメントの相互関係も同様に、環境を視野に入れる環境マネジメントの拡大・発展形態としてCSRマネジメントを、そして環境マネジメント、CSRマネジメントの拡大・発展・統合形態として持続可能なマネジメントを捉えている)、ここで環境経営、CSR経営、持続可能な経営というキー概念の相互関係を確認・整理しておきたい(図6-1)。

環境経営というのは、自然環境に配慮しつつ展開する経営を示し、それを実現するための運営が環境マネジメントであり、CSR経営とは、社会的諸課題

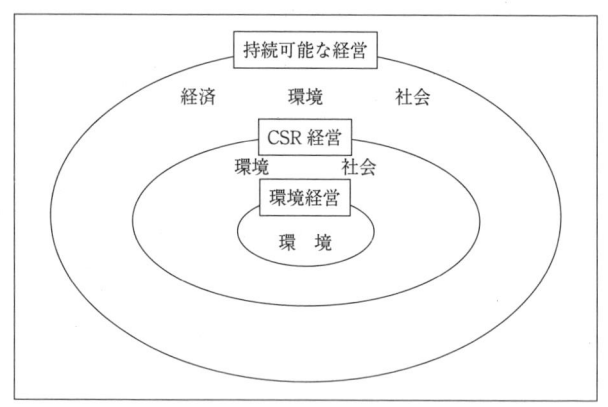

第Ⅱ部 現代企業の課題と持続可能なマネジメントの体系〈実践編〉

図6-1 環境経営、CSR経営、持続可能な経営の相互関係
出所：筆者作成。

(環境問題への対処も含む)に配慮しつつ展開する経営を示し、それを実現するための運営がCSRマネジメントである。それに対し、持続可能な経営とは、第5章でも既に見たようにトータル概念としての持続可能性(経済的持続可能性、環境的持続可能性、社会的持続可能性)に配慮しつつ展開する経営を示し、それを実現するための運営が持続可能なマネジメントである。企業は、ゴーイング・コンサーンであり続けるためには、売上・利益の確保により経済的持続可能性を確保していかねばならないことは明白であるが、これまで考察してきたように今後の企業活動には、自然環境、社会問題への適切な対応が企業の命運を左右することを鑑みると、企業活動の及ぼす環境負荷に配慮したり、社会や環境に配慮した製品・サービスの開発と普及に努めたり、人権、労働慣行、公正な事業慣行、消費者、地域コミュニティに関わる諸問題への取り組みも欠かせない。ここで問われるのが、企業の環境対応や社会対応と企業業績との相関関係であるが、これからの企業は、環境経営、CSR経営を展開する中で、サステナビリティ課題に対応しつつステイクホルダーと向き合い、企業価値の向上を目指し、経済性を確保できるビジネスモデルの構築が鍵となる。例えば、実際に、環境マネジメントやCSRマネジメントを効果的に展開することで、リス

第6章　持続可能なマネジメントの体系と展開

クヘッジによるリスク・マネジメントの構築に伴う潜在的賠償コストの節約、社会のニーズの先取りによる価値・市場創造、他社との差別化、環境や社会対応による企業ブランドの向上、従業員の意識変革、ステイクホルダーの理解・支持による市場や社会からの評価と企業価値の向上へと繋げることができれば、短期的には対策コスト等が発生しても中長期的かつ安定的な利益の確保に繋がり、ゴーイング・コンサーンとしての企業の持続的発展に寄与するものとなる。その意味でも、持続可能な経営ないしマネジメントは21世紀の企業モデルを考察する上でのキーコンセプトである。なお、こうした捉え方は広義のCSR経営、CSRマネジメントとほぼ同義と捉えられる。GRIガイドライン、SIGMAガイドラインでも見たように、経済・環境・社会のトリプル・ボトムラインの考えが採用され、サステナビリティとCSRをほぼ同義語として解釈されている場合が多いが、本書ではトータル概念としての持続可能性の意味合いを狭義のCSRとの違いを明確にする観点からこのように整理していることを確認しておきたい。

　そして、こうした企業の持続可能な成長・発展を担保するには、それを実現するための運営システムである持続可能なマネジメントの展開と実現のための仕組みづくりでもある組織体制とコーポレート・ガバナンスのあり方が重要となる。コーポレート・ガバナンスとは、トップのリーダーシップ、経営理念の下、企業経営の透明性を企図し、取締役会、監査役会のあり方をはじめとする、マネジメント体制や経営監査・監視機構の整備、コミュニケーションやコンプライアンス体制の確立を踏まえた、ステイクホルダーへの情報公開とアカウンタビリティ等のあり方に関わる企業統治を巡る概念である。健全で効率的な経営を目指し、企業不祥事の抑止機能だけでなく、意思決定の迅速化等による企業競争力の強化に寄与するコーポレート・ガバナンスの下での、持続可能なマネジメントの展開が今や求められている。その意味で、コーポレート・ガバナンスと持続可能なマネジメントの展開との規定関係を明確にしておくことが重要となる。以上をまとめると、図6－2のような概念図となろう。

第Ⅱ部　現代企業の課題と持続可能なマネジメントの体系〈実践編〉

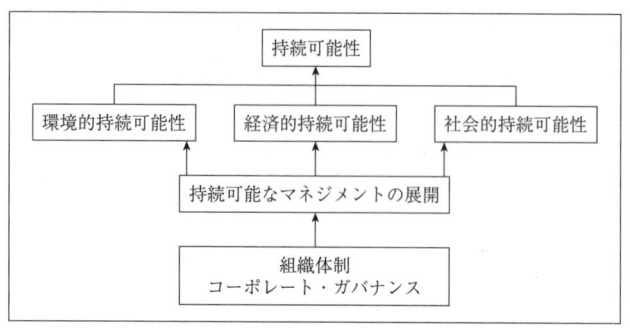

図6-2　企業の目指す持続可能性と持続可能なマネジメントの展開及びコーポレート・ガバナンスとの規定関係
出所：筆者作成。

　以上の考察より、本書では、持続可能なマネジメントを次のように定義する。持続可能なマネジメントとは、サステナビリティ課題に鑑み、組織統治のあり方を踏まえ、組織のPDCAサイクルに人権、労働慣行、環境、公正な事業慣行、消費者課題、コミュニティの発展への配慮を組み込み、ステイクホルダーに対してアカウンタビリティを果たすことで、経済的・環境的・社会的パフォーマンスを向上させ、組織の持続可能な発展を目指すもので、サステナビリティ統合マネジメントの展開を意味する。[4]

　この定義から、持続可能なマネジメントの重要な構成要素として、持続可能性の実現(トリプル・ボトムライン)、サステナビリティ課題の認識と特定、ステイクホルダーへの対応(ステイクホルダー・エンゲージメント)、マネジメント・プロセス(PDCAサイクル)、コーポレート・ガバナンスの5つが抽出できる。

3　持続可能なマネジメントの体系と展開

　ここでは、21世紀の企業を取り巻く新たなコンテクストが持続可能性となる中、企業がゴーイング・コンサーンとして持続可能な発展を続けていくための持続可能なマネジメントの体系と展開に関し論及する。

持続可能なマネジメントの体系

　現代企業の直面する新たなコンテクストがトータル概念としての持続可能性となる中、企業にとっての最上位の経営目的は持続可能性の実現、ないし持続可能な発展である。これが担保されないと、企業は存続不能となるからである。従って、これからの企業の経営理念は持続可能性の実現が何らかの形で反映されたものとなろう。経営理念(ミッション)とは、企業の存在意義、経営姿勢、使命を示し、企業活動の基本的な普遍的考えを明文化したもので、これは長期的視点から抽象的・普遍的に示される。一般的には創業時の思い入れや社会的使命感が示されることが多いが、ステイクホルダーに企業の存在意義を知らしめ、社員には行動や判断の指針を与えるものとなり、「企業のDNA」として継承される中で、社内での一体感や企業文化の醸成に寄与する組織の求心的な精神的な拠り所となる。この抽象的・普遍的な考え方を示す経営理念を具体化するための目指すべき中期的目標を示すのが、経営方針(ビジョン)である。これは経営理念で示された企業の存在意義、経営姿勢、使命をベースに、ある時点までの自社の到達目標が具体的に示されたものであり、経営方針が策定されることにより、企業の向かうべき方向性の中期的な具体的イメージが明確となる。こうした経営理念や経営方針は、いわば経営戦略策定上の思想的バックボーンとなるものである。そして、経営理念や経営方針を具現化する基本的枠組みを提供し、実現可能なアクションプランとして落とし込むのが経営戦略(ないし中期経営計画)であるが、経営戦略の策定には自社を取り巻く内外の綿密な環境分析が必要となる。

　企業にとっての内外の環境分析においては、外部環境を分析することにより自社にとっての機会(Opportunities)と脅威(Threats)を見出すことが重要となる。内部環境分析の主眼は自社にとっての経営資源、組織構造等の強み(Strengths)と弱み(Weaknesses)を抽出することである。これがSWOT分析であるが、自社にとっての機会と脅威への対応、強みを活かし、弱みを克服するような戦略対応が、持続可能性の実現に向けて問われることになる。企業は綿密な内外の

第Ⅱ部　現代企業の課題と持続可能なマネジメントの体系〈実践編〉

環境分析を行うことにより、いかにすれば競争優位性を確立できるかのシナリオ作りとなる経営戦略の立案、経営戦略の選択、経営戦略の実行へと繋げていくことが可能となる。経営戦略の策定には、ドメイン(事業領域)の設定、コア・コンピタンス(中核的な競争能力)、資源配分といった要素が重要となる。「選択と集中」による自社の強みを活かせる分野へのドメインの設定、他社と差別化し自社独自の企業価値を生む源泉となるだけのコア・コンピタンスの育成、そしてこれらを実現するための適正な資源配分が必要である。そして、経営戦略の実現のための具体的な仕組みがPDCAサイクルによるマネジメントシステムとなり、業務プロセス全体にサステナビリティ的視点を組み込んだマネジメント・プロセスが求められることとなる。ここまでの議論はいわば包括的な持続可能なマネジメント体系を表しているが、全社的な経営理念・経営方針・経営戦略に環境や社会への配慮とそれを活かした事業展開の方針等を組み込んだ持続可能性を軸としたマネジメントのあり方が企業の存続・発展を左右するものとなる。

　なお、持続可能性の実現、経営理念(ミッション)、経営方針(ビジョン)、環境分析、経営戦略、マネジメントシステムの諸要素はそれぞれ相互作用的影響を及ぼすものであり、またコーポレート・ガバナンスのあり方とも深く相互作用し合うものである。以上を図示化したものが図6－3である。

　なお、持続可能性の実現→経営理念→経営方針→経営戦略(ないし中期経営計画)のフローはさらに各事業計画→個人目標へと具体的に落とし込まれる。この点は、例えば1990年代初頭にハーバード大学のカプラン(R.S.Kaplan)らが開発したバランスト・スコア・カード(BSC：Balanced Scorecard)(Kaplan and Norton(1992)等)等のツールの活用により具体的に展開可能となる。バランスト・スコア・カードは財務、顧客、社内ビジネス・プロセス、学習と成長の4視点の整合性とバランスを取りながら、各視点毎のそれぞれ目標、評価指標、ターゲット、具体的施策に留意して、組織全体、各事業部門、個人レベルでの戦略実行を図る中で業績を評価しようとするツールである。バランスト・スコ

第6章 持続可能なマネジメントの体系と展開

```
┌─────────────────────────────────────────────────┐
│              持 続 可 能 性 の 実 現                │
│                      ↑↓                          │
│           経 営 理 念 ( ミ ッ シ ョ ン )           │
│                      ↑↓                          │
│           経 営 方 針 ( ビ ジ ョ ン )              │
│                      ↑                           │
│           環 境 分 析 ( S W O T 分 析 )           │
│                      ↑                           │
│        経 営 戦 略 ( 中 期 経 営 計 画 )           │
│                      ↑                           │
│        マ ネ ジ メ ン ト シ ス テ ム               │
│  ┌─────────────────────────────────────────┐    │
│  │              PLAN    ステイクホルダーの特定、目 │
│  │                      的・目標・計画の設定、体制 │
│  │         マネジメント・プロセス                   │
│  │          （PDCAサイクル）                       │
│  │  ACTION    ↓  ↓      DO                       │
│  │ 経営層による見直し 継続的改善 活動の実施         │
│  │                                                │
│  │              CHECK                             │
│  │           モニタリング                          │
│  └─────────────────────────────────────────┘    │
│                     ↑↓                           │
│        コ ー ポ レ ー ト ・ ガ バ ナ ン ス          │
└─────────────────────────────────────────────────┘
```

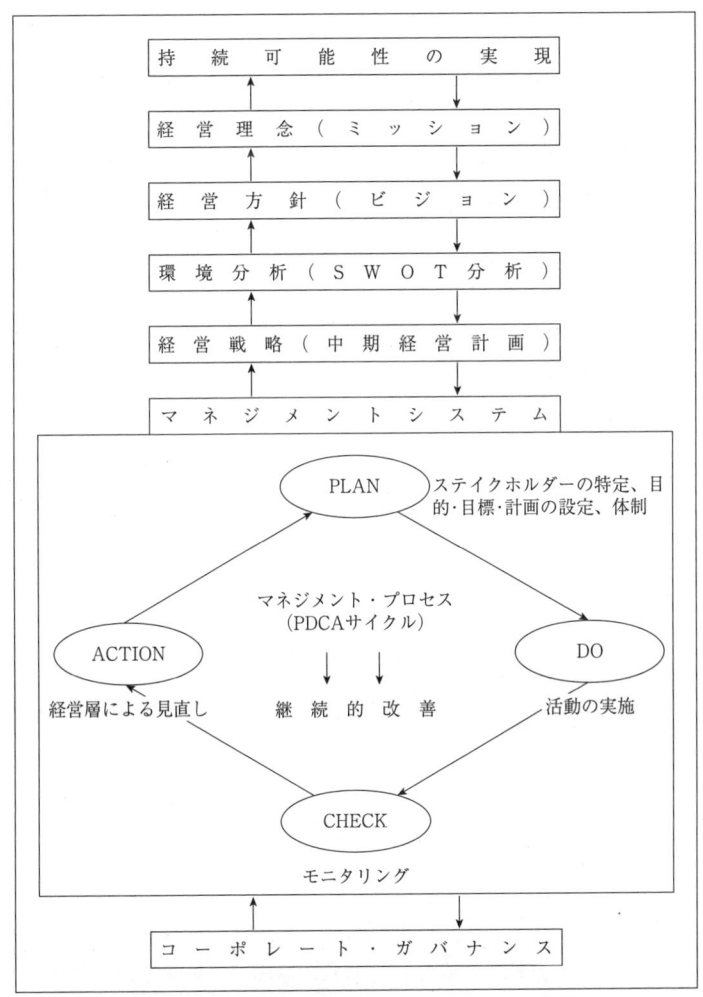

図6-3 包括的な持続可能なマネジメントの体系
出所：筆者作成。

ア・カードは、企業の戦略目標を成果として事後的に反映される指標を設定し、その指標向上のためKPI(Key Performance Indicator)を洗い出し、KPI向上のためのアクションプランが個人レベルにまで落とし込まれる。財務、顧客、社内

第Ⅱ部　現代企業の課題と持続可能なマネジメントの体系〈実践編〉

ビジネス・プロセス、学習と成長の各視点から複合的に戦略展開を図ることで、戦略実行のための具体的なプロセス、個人のなすべきこと等も明らかとなり、戦略にフォーカスした戦略的マネジメントの展開に有効なツールとなり得る。[5]バランスト・スコア・カードは企業全体の戦略を個人レベルのアクションプランにリンクさせることで個人の業績評価ツールに利用できるのみならず、人事制度との連動性も可能となり、全社的な戦略的整合性を保持できるものとなる。企業の評価指標であるROE等はあくまで経営活動の過去の成果を示す財務データであり、未来への示唆や成果を生み出した要因等は不明確である。一方、バランスト・スコア・カードは単に財務的視点だけでなく、顧客視点、社内ビジネス・プロセス（品質・コスト等）、学習と成長（社員教育、従業員満足度、情報化等）の各視点から総合的に全体の戦略を最適化するツールとなり得る。

なお、SIGMAガイドラインの13種類のSIGMAツールキットの中のSIGMAサステナビリティ・スコアカードは、財務、顧客、社内ビジネス・プロセス、学習と成長の通常の4視点の代わりに、サステナビリティ、外部ステイクホルダー、内部、知識・技能の4視点からの持続可能なマネジメントのパフォーマンス評価、パフォーマンス要因と成果指標等を紹介している。[6]

持続可能なマネジメント・プロセスの構成要素

企業が持続可能な発展を続けるために鍵となるのが、経営目的達成のためのPDCAサイクルであるマネジメント・プロセスである。PDCAサイクルを活用することの大きな意味の1つは継続的改善を図れることである。持続可能性を実現するために、方針を作成し、実施し、達成し、見直しかつ維持するための組織の体制、計画活動、責任、慣行、手順、プロセス及び資源を含む、マネジメントシステムの構築による、持続可能なマネジメント・プロセスの構成要素をここで整理・検討する。

持続可能なマネジメント・プロセスのPDCAサイクルはSIGMAガイドライン、ISO14001等が参考となるが、本書ではより具体的に、持続可能なマネ

ジメント・プロセスの構成要素を表6-2に示す。なお、ここでの持続可能なマネジメント・プロセスとは狭義の意味で使っており、図6-3で示した経営戦略を実行に移すためのPDCAサイクルを意味する。

全体的な構成に関わる先行研究としては倍編著(2009)があり評価でき参考にしたが、以下の改善を図った。Dの実施と運用をより具体的にした。また、継続的改善の重要性、統合マネジメントシステム導入の必要性に鑑みて再構成をしたが、この点は、特にエコステージ3・4・5を参考にして取り入れている。

持続可能なマネジメントシステムの構築は、ゼロベースから立ち上げることも考えられるが、多くの企業で既に品質マネジメントシステムや環境マネジメントシステムの構築・運用が進んでいる現状を鑑みると、こうした既存のマネジメントシステムをベースにシステム構築を行うことが現実的であろう。特に、サステナビリティ課題の一部をなす環境分野の環境マネジメントシステムは普及・深化が図られ、各社で急速に整備されてきた。ISO14001による環境マネジメントシステム、エコステージ3・4・5等を活用し、CSR分野への進化、さらに持続可能なマネジメントシステムを統合的に構築することが組織の費用負担・人員配置面からもより現実的であろう。

持続可能なマネジメント・プロセスをその構成要素との関連で以下説明していく(表6-2)。

マネジメント・サイクルのP段階では、組織体制、課題認識とステイクホルダーの特定、方針・目的・目標・実施計画の策定、パフォーマンス改善のための計画がなされる。

まず、組織機構を確立し、責任と権限、コンプライアンス体制、経営資源の配分管理が行われる。マネジメントを有効に運用のためには組織体制の構築が重要となる。既存の環境マネジメントシステムやCSRマネジメントシステムを構築している場合は、その組織体制をベースにすることも可能となる。各企業が自社の実情に合わせ対応することが肝要であるが、例えば、図6-4のような推進のための組織体制が考えられる。

第Ⅱ部　現代企業の課題と持続可能なマネジメントの体系〈実践編〉

表6-2　持続可能なマネジメント・プロセスの構成要素

PDCA		メイン構成要素	サブ構成要素
P	1	組織体制	組織機構
			責任と権限
			コンプライアンス体制
			経営資源の配分管理
	2	課題認識とステイクホルダーの特定	現状分析、取り組み課題の特定と優先順位の決定
			ステイクホルダーの特定
			ステイクホルダーニーズの把握
	3	方針・目的・目標・実施計画の策定	方針の策定と管理項目
			目的・目標の設定と達成度の測定方法の決定
			実施計画の策定
			実施計画の伝達
	4	パフォーマンス改善のための計画	パフォーマンス改善のための計画
			パフォーマンス指標の確立
D	5	実施と運用	教育訓練及び内部コミュニケーション
			外部コミュニケーション
			文書類
			文書・記録の管理
			運用管理
			緊急事態への準備及び対応
			教育訓練及び情報の統合管理
			BCP及び緊急事態管理の実施と改善
	6	業務プロセスの改善	業務プロセスの改善（製品企画及び開発設計管理、資材及び役務の調達管理、製品の製造及び施設・設備の管理、物流管理、営業管理等）
	7	統合マネジメントシステム導入と改善統合	環境マネジメントシステム、品質マネジメントシステム、安全衛生マネジメントシステム、人事・教育マネジメントシステム、情報セキュリティマネジメントシステム、財務会計マネジメントシステム、コンプライアンスマネジメントシステム、リスクマネジメントシステム、サプライチェーンマネジメントシステムの導入
			マネジメントシステムの統合
C	8	モニタリング	監視及び点検
			遵守評価
			問題点及び是正処置・予防処置
			内部監査
			内部監査の改善及びデータの分析
A	9	経営層による見直し	持続可能な活動を通じた問題の把握
			対策の検討
			次年度の活動計画への組み込み

出所：SIGMAガイドライン、ISO14001、エコステージ3・4・5、倍編著(2009)等を参考に、筆者作成。

第6章 持続可能なマネジメントの体系と展開

```
┌─────────────────────────────────────────────────────────┐
│  ステイクホルダー(株主、従業員、顧客、取引先、行政、地域住民等)  │
└─────────────────────────────────────────────────────────┘
                         ↕
              ┌──────────────────┐
              │   取　締　役　会   │
              └──────────────────┘
                         ↕
              ┌──────────────────┐
              │   社　　　　　長   │
              └──────────────────┘

        ┌──────────────────────────────────┐
        │ サステナビリティ会議(または経営会議)  │
        └──────────────────────────────────┘
          サステナビリティに関する意思決定機構
          議長は社長、経営会議等で代替可能

             ┌──────────────────┐
             │ サステナビリティ推進室 │
             └──────────────────┘
          サステナビリティ会議・推進委員会の事務局
          全社的推進、社員への啓発、対外的窓口
                    ⇓指示    ⇑報告

        ┌──────────────────────────────────┐
        │ サステナビリティ推進委員会(関係役員で構成) │
        └──────────────────────────────────┘
          持続可能なマネジメント推進の中核組織
          グループ活動方針決定、グループ活動状況把握
          マネジメントシステムの統合的把握、全体的調整
                ⇓指示・モニタリング   ⇑報告

              ┌──────────────────┐
              │   各　委　員　会   │
              └──────────────────┘
例)トリプル・ボトムライン検証委員会、環境委員会、人権啓発委員会、リスク・コンプライアンス
委員会、社会貢献委員会、CS委員会、労働安全委員会、消費者問題委員会、多様性推進委員会等
          方針に従い、計画策定し、活動推進
          各マネジメントシステムの運用・改善
          各部門、グループ各社の状況把握、所管の進捗管理
                ⇓指示・モニタリング   ⇑報告

        ┌──────────────┬──────────────┐
        │  各　部　門    │  グループ会社  │
        └──────────────┴──────────────┘
          各業務でのPDCAサイクルの運用・改善
          各種活動実行、進捗管理
```

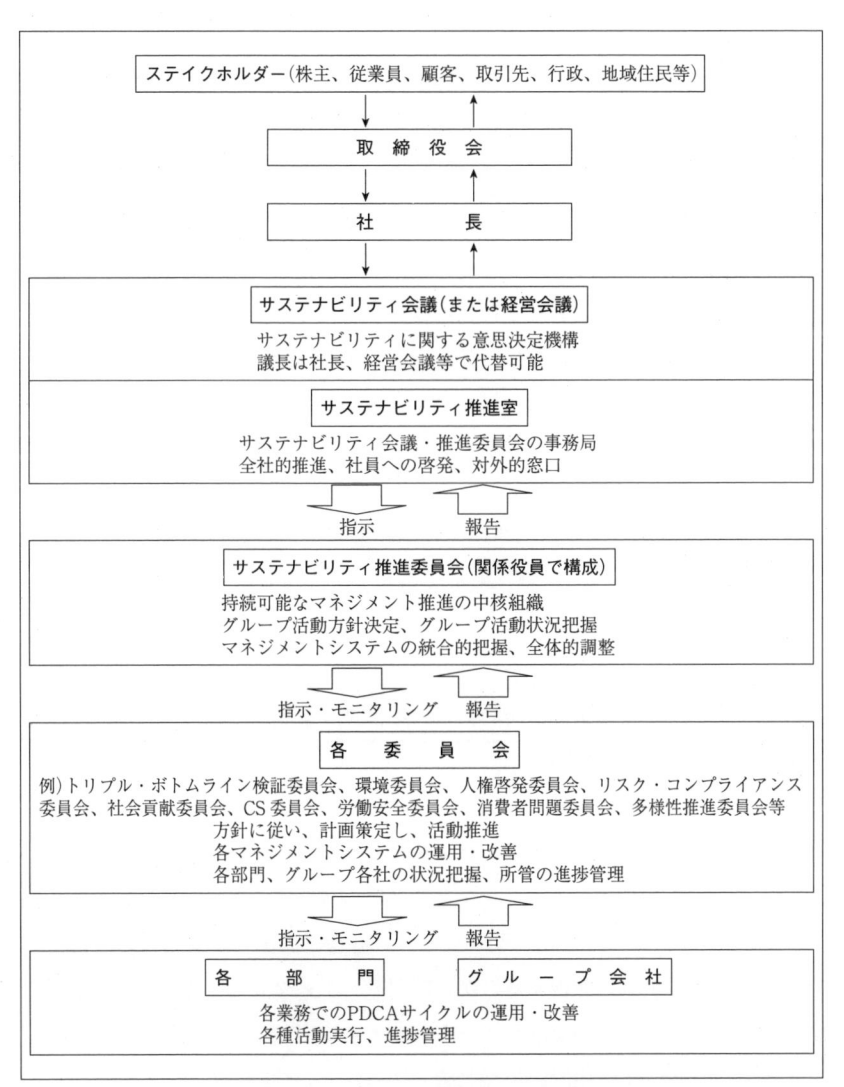

図6-4　持続可能なマネジメント推進のための組織体制とその役割

出所：各社の『サステナビリティレポート2009』等を参考に、筆者作成。

第Ⅱ部　現代企業の課題と持続可能なマネジメントの体系〈実践編〉

　持続可能なマネジメントでは、サステナビリティ課題が組織全体に関わる問題が多く、組織の命運を左右する課題事項も多く、その対応の必要性からも経営トップのリーダーシップやコミットメント、組織横断的なシステム運営が重要となる。その意味でも、通常社長が議長を務めるサステナビリティ会議が最高意思決定機構となるが、経営会議等での代替は可能である。このサステナビリティ会議の指示を受け運用し、その結果を報告する中核推進組織が、関係役員で構成されたサステナビリティ推進委員会であり、ここでグループの活動方針や活動状況が把握され、マネジメントシステムの統合的把握、全体的調整等がなされる。そして、サステナビリティ会議、サステナビリティ推進委員会の事務局がサステナビリティ推進室となり、実際の全社的推進活動、社員への啓発、ステイクホルダーとの対外的窓口となる。既に環境マネジメントシステム、CSRマネジメントシステムの構築・運用が進んでいる日本企業の中では、名称として環境会議、CSR会議、環境委員会、CSR推進委員会、環境推進室、CSR推進室等と名づけている企業も多いが、本書ではサステナビリティというトータル概念がより明確になるようにこのように名づけている。

　サステナビリティ推進委員会の指示・モニタリングを受け、分野別の各委員会が方針に従い、実施計画を策定し、PDCAサイクルにより各マネジメントシステムの運用・改善を行う。そして、各部門、グループ各社の状況把握、所管の進捗管理を行い、その結果をサステナビリティ推進委員会に報告する。この各委員会からの指示・モニタリングを受け、各部門、グループ各社が各業務でのPDCAサイクルの運用・改善を図り、各種活動実行、進捗管理を行い、その結果を各委員会に報告するのが各部門やグループ会社である。それぞれに属する個人は各部署でのマネジメントシステムに応じてその役割を果たし、自らも積極的に関与する中で、組織改善も図られていく。

　持続可能なマネジメントは、このように重層的に展開されるが、各部署・人員の責任と権限、コンプライアンス体制の整備、経営資源の配分管理を図り、それぞれの段階でPDCAサイクルを有効に機能させることで継続的改善が常

に図られ、また各層間での双方向的やり取りの中で、フィードバックが担保される組織体制が望まれる。

次に、課題認識とステイクホルダーの特定がなされる。自社の直面する現状分析を踏まえ、サステナビリティ課題の整理と特定、マテリアリティによる優先順位の決定がなされる。すべてのサステナビリティ課題(表6－1)への対応は有限な経営資源しか有しない企業にとって現実的ではない。多くのサステナビリティ課題を抽出し、その中から自社にとって重要でかつ対応すべき課題事項の選定を行う必要がある。例えば、図6－5のようなマッピングでの対応が可能である。こうした2軸による評価法はリスクマネジメントの分野でもよく活用されているが、既存の慣れ親しんだ評価方法をうまく活用するのが効率的であろう。このマトリクスからいえることは、経営への影響度の大きな項目(A項目)に注目し、かつ現状対応度がCの項目から重点的に取り組むことになる。図6－5に示すように、経営への影響度の大きな課題項目と現状対応度を照らし合わせ対応順位(例えば1→2→3→4)を決定づけることになる。そして、優先的に取り組むべきサステナビリティ課題が明確になれば、自ずとどのステイクホルダーに対応すべきかが特定され、そのステイクホルダーのニーズの把握に取りかかることになる。

課題の選定、ステイクホルダーの特定がなされると、経営理念、経営方針を反映させ、経営戦略の実現に向けた、方針の策定、さらに方針実現のための目的・目標の設定と達成度の測定方法を決定する。それを受け、実際の実施計画の策定とその周知が組織でなされる。マネジメント・サイクルのP段階の最後のステップとしては、パフォーマンス改善のための計画、パフォーマンス指標の確立を行い、計画段階でのパフォーマンス改善のための機能を組み込むことによるパフォーマンス改善の検証を執り行う。

マネジメント・サイクルのD段階では、P段階での計画が実施・運用される。そのための構成要素は、教育訓練及び内部コミュニケーション、外部コミュニケーション、文書類、文書・記録の管理、運用管理、緊急事態への準備及び対

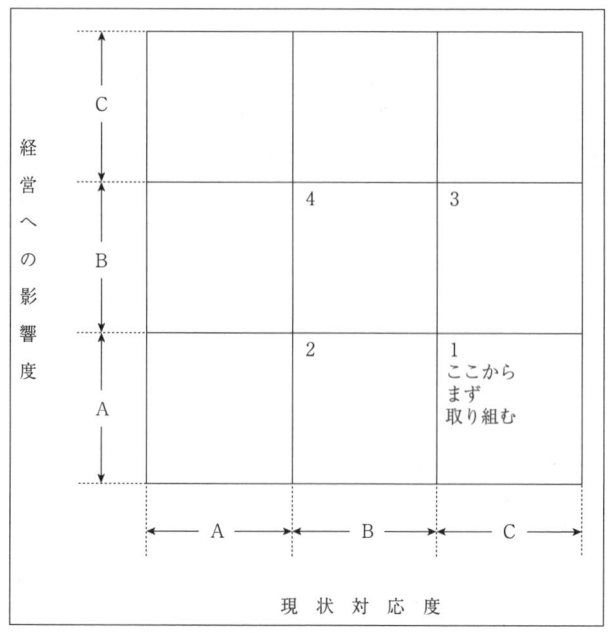

第Ⅱ部　現代企業の課題と持続可能なマネジメントの体系〈実践編〉

図6－5　取り組み課題選定の優先度づけのマッピング
注：経営への影響度：A（大）、B（中）、C（小）。
　　現状対応度：A（対応できている）、B（ある程度できている）、
　　C（できていない）。
出所：海野(2009)、伊吹(2005)を参考に、一部修正した。

応、教育訓練及び情報の統合管理、BCP及び緊急事態管理の実施と改善である。さらに、実施・運用の中で、業務プロセスの改善が行われ、個別のマネジメントシステムの統合によるサステナビリティ統合マネジメントシステムの導入と改善統合が図られる。

　持続可能な活動が適切に実施されているかどうかをチェックするのが、マネジメント・サイクルのC段階のモニタリングである。各部門での管理状況や進捗状況をチェックし、全社的な運用状況のチェックを行う。その構成要素は、監視及び点検、順守評価、問題点及び是正処置・予防処置、内部監査、内部監査の改善及びデータの分析である。特に、内部監査によりシステム構築・運用

の適合性・適切性・有効性が確認されることになるが、その形骸化を回避し、真に有効な内部監査の実施が望まれる。

マネジメント・サイクルの最終段階がA段階で、モニタリング結果を踏まえた、経営層による見直し(持続可能な活動を通じた問題の把握、対策の検討、次年度の活動計画への組み込み)であるが、その実施を通じて次年度の活動計画にフィードバックしたシステム運用がなされる。

持続可能なマネジメントのモニタリング・システムとレポーティング・システム

以上の持続可能なマネジメントシステムの活動状況は、会計的手法を用いて定量的に評価する仕組みである持続可能なモニタリング・システム[7]によりモニタリングを受けることが望ましい。これは自社の活動状況の把握ばかりでなく、外部のステイクホルダーに対するアカウンタビリティを果たす意味からも重要となるからである。その意味で、サステナビリティ活動の可視化の一翼を担うサステナビリティ会計の枠組みの構築が重要となるが,現在、サステナビリティ会計ないしCSR会計処理の統一基準は存在せず、一部の先進的企業が独自に模索しつつサステナビリティ会計ないしCSR会計を開示しているのが実情である。サステナビリティ会計のガイドラインとして、例えば、SIGMAサステナビリティ会計ガイドライン[8]があるが、「草創期・啓蒙期を終え、展開期・充実期に入った[9]」ともいわれる環境会計に比して、サステナビリティ会計の体系化にはなお多くの克服すべき課題・問題がある[10]。また、CSR会計に関しても、統一化された会計処理等の基準や規格は存在していないが、麗澤大学企業倫理研究センター(R-bec)が2004年7月に「R-BEC004・CSR会計ガイドライン」を公表し、2007年12月にはその改訂版の「R-BEC007」を公表している。その中で、「CSR会計とは、情報の利用者が、企業のCSR問題に関わる事象をリスクとして認識して判断や意思決定を行うことができるように、CSRマネジメントのあり方とCSRパフォーマンスの向上に関連する活動を、財務諸表との連携を図りながら貨幣単位で識別・測定して伝達するプロセス」と定義

している。CSR活動の定量化手法を提示し、CSR会計計算書の体系(CSR活動計算書、環境配慮活動計算書、労働・人権配慮活動計算書、製品・サービス責任活動計算書、損益計算書との統合計算書、ステイクホルダー別分配計算書)から情報の開示に至る具体的会計処理方法を提示している。狙いとしては、「CSR会計情報の信頼性や客観性といった情報の質的特性を満たすために、従来から事業活動の評価指標として定着している財務諸表との連携を図りながら」、CSR活動のモニタリングをすることとしている。サステナビリティ会計処理基準の統一化がなお模索される中、客観的かつ信頼性の高いモニタリングを実現するには、事業活動とサステナビリティ活動との融和を図りつつ、事業活動の成果を表現する従来の財務諸表との連携を図ったモニタリング・システムの構築が鍵となる。

　さらに、持続可能なマネジメントシステムが構築され、その運用状況をモニタリングする仕組みが整うと、ステイクホルダーとのコミュニケーションの促進のための仕組みである持続可能なレポーティング・システムによりステイクホルダーに企業の持続可能な活動及びその成果を情報公開し、サステナビリティ報告書等でアカウンタビリティを果たすことになる。企業は、第**5**章で論及したGRIガイドライン、環境報告ガイドライン等に準拠したサステナビリティレポート等の報告媒体を作成・公表する。モニタリング・システムの構築による情報の客観性・信頼性を確保した上で、積極的に情報開示することで、情報の非対称性の解消、ステイクホルダーからの自社へのレピュテーションの向上も期待でき、企業イメージの向上、他社との差別化、自社製品・サービスの売上増加等にも寄与する。

　持続可能なマネジメントシステム、持続可能なモニタリング・システム、持続可能なレポーティング・システムの3つのシステムから構成されるものが、持続可能なマネジメント・コントロールである。すなわち、持続可能なマネジメント・コントロールとは、企業の持続可能なマネジメントの遂行を効果的にコントロールする仕組みと理解される。なお、こうした仕組みは、上位概念でもあるガバナンスの仕組みにより統制が図られることとなる。

第6章 持続可能なマネジメントの体系と展開

```
┌─────────────────────────────────────────┐
│ 持続可能性の実現（トリプル・ボトムライン）      │
└─────────────────────────────────────────┘
                    ↕
┌─────────────────────────────────────────┐
│ サステナビリティ課題の認識と特定（マテリアリティ）│
└─────────────────────────────────────────┘
                    ↕
┌─────────────────────────────────────────┐
│ ステイクホルダー対応（ステイクホルダー・エンゲージメント）│
└─────────────────────────────────────────┘
                    ↕
┌─────────────────────────────────────────┐
│ マネジメント・プロセス（PDCAサイクル）        │
└─────────────────────────────────────────┘
                    ↕
┌─────────────────────────────────────────┐
│ コーポレート・ガバナンス                   │
└─────────────────────────────────────────┘
```

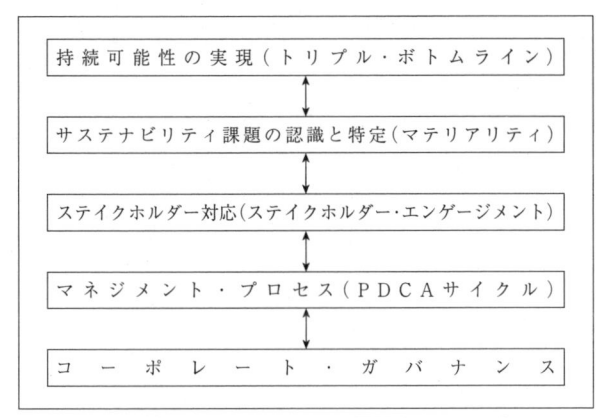

図 6 - 6　持続可能なマネジメントの展開上の5つのポイントの相互関係

出所：筆者作成。

持続可能なマネジメントの展開

〈持続可能なマネジメント展開の5つのポイント〉

持続可能なマネジメントの展開を効果的かつ効率的に行う際のポイントとなるのが、重要な構成要素でもある持続可能性の実現（トリプル・ボトムライン）、サステナビリティ課題の認識と特定（マテリアリティ）、ステイクホルダー対応（ステイクホルダー・エンゲージメント）、マネジメント・プロセス（PDCAサイクル）、コーポレート・ガバナンスである。これらは、既述した持続可能なマネジメントの定義づけから抽出した構成要素だが、これらの要素が有機的にうまくかみ合う中で、持続可能なマネジメントの展開が行われることが望ましい（図6-6）。

持続可能性の実現（トリプル・ボトムライン）、サステナビリティ課題の認識と特定（マテリアリティ）、ステイクホルダー対応（ステイクホルダー・エンゲージメント）、マネジメント・プロセス（PDCAサイクル）、コーポレート・ガバナンスの各要素に関しては、それぞれの領域をカバーする規格・ガイドラインの整備も進み、自社の実情に合わせたこれらの利用が推奨される（表6-3）。

第Ⅱ部　現代企業の課題と持続可能なマネジメントの体系〈実践編〉

表6－3　主な規格・ガイドラインのカバーする領域

規格ガイドライン＼領域	持続可能性の追求、パフォーマンス指標等	サステナビリティ課題	ステイクホルダー対応	マネジメントシステム（PDCAサイクル）	コーポレート・ガバナンス
ISO14001		○		◎	
ISO26000	○	◎	◎		◎
GRIガイドライン	◎	◎	○		○
環境報告ガイドライン	◎	○	○		
SIGMAガイドライン	○			◎	
エコステージ	○	○		◎	
R-BEC007	◎	○	○		
AA1000	○		◎	◎	
グローバル・コンパクト		◎	○		
OECDコーポレート・ガバナンス原則			○		◎

注：全面的言及：◎
　　部分的言及：○
出所：筆者作成。

　持続可能なマネジメントの展開、戦略思考に関する先行研究はまだ少ないが、例えば伊吹（2005）はCSRを如何に企業競争力向上に繋げてゆくかという観点から、競争力強化のためのCSRマネジメントの実践プロセスを論じ、CSRを経営戦略に如何に取り込み、戦略的CSRを展開していくべきかを、ステイクホルダーフレームワークに従い、多くの企業事例を通じて考察し興味深い。先の5つのポイントに従えば、特に、サステナビリティ課題の認識と特定、ステイクホルダー対応、PDCAサイクルによるマネジメント・プロセスに関してはCSR観点から検討されているが、一方、持続可能性の実現に向けた持続可能な経営のPPM的フレームワーク、コーポレート・ガバナンスとの関わりは必ずしも明確でない。

　本書でも、5つのポイントのうち、サステナビリティ課題の認識と特定（第

6章の1）、ステイクホルダー対応（ステイクホルダー・エンゲージメント）（第3章の1の4項、同2の2項、第5章の2の2項等）、マネジメント・プロセス（PDCAサイクル）（第6章の3の2項）に関しては、既に論及したので、ここでは以下、持続可能性の実現、コーポレート・ガバナンスに関し検討する。

〈持続可能性の実現（トリプル・ボトムライン）〉

　まず、持続可能性の実現にはGRIガイドライン（G3）の指標、サステナビリティ会計の利用等が考えられる。ただ持続可能な企業経営を評価するサステナビリティ指標やサステナビリティ会計の世界統一基準は未だ確立されていないのが現状であり、各社はこうしたガイドラインを参照しつつも自社の実情に合わせ、持続可能な経営を目指しているのが実情である。

　ここでは、企業が持続可能なマネジメントを展開する上でのPPM（Product Portfolio Management）に着目し、その理論的フレームワークを提示することから、企業経営の持続可能性の実現を考察してみたい。

　複数の事業を抱える企業が持続可能性を追求する際に、実際にどの事業に最適な資源配分を行うべきかという問題が惹起する。持続可能なマネジメントの資源配分管理、事業戦略を考える上での理論的枠組みとして、BCGのPPM分析（図6-7）とRusso, ed.(2008)に着目し、再編成することで持続可能な経営のPPMの理論的フレームワークを提示したのが図6-8である。これは経済パフォーマンスと環境パフォーマンスに関してのRusso, ed.(2008)の理論的枠組みを、経済パフォーマンスと環境・社会パフォーマンスとの関係に拡張したものである。

　図6-7はBCGによるPPM分析だが、事業ライフサイクル、経験曲線の2つの考えを前提に、市場成長率と相対的マーケットシェアの2軸によるマトリクスで、事業を4つの象限に類別し、各SBU（Strategic Business Unit：戦略事業単位）を評価し、資源配分を決定するツールである。これは、事業の魅力度と競争上の優位性の観点から行う事業ポートフォリオ構築のモデルである。

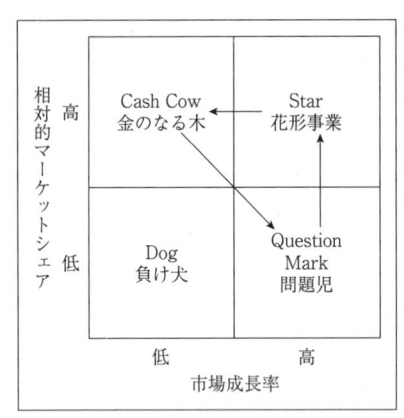

第Ⅱ部　現代企業の課題と持続可能なマネジメントの体系〈実践編〉

図6-7　BCGのPPM

注：相対的マーケットシェアとは、当該事業でのトップ企業のシェアを基準とした比率（通常対数尺度で表示）を表し（高低の分岐点は1.0）、競争上の優位性を評価する指標であり、資金の流入を意味する。
市場成長率とは、今後3～5年後の年平均成長率を表し（高低の分岐点は10％）、事業の魅力度を評価する指標であり、資金の流出を意味する。
なお、通常、縦軸は市場成長率、横軸は相対的マーケットシェアで表されるが、ここでは図6-8との関連からあえてこのように表記している。

出所：筆者作成。

PPM分析によると、企業戦略の要諦は「金のなる木」から得られたキャッシュを「問題児」に投入し、その「問題児」を「花形事業」に育成し、将来的に「金のなる木」にするというのが理想的である。

図6-8は持続可能な経営のPPMを示している。(a)は縦軸を経済パフォーマンス、横軸を環境パフォーマンスとした場合で、経済パフォーマンス・環境パフォーマンスともに高いのが「Green Star」、経済パフォーマンスは高いが環境パフォーマンスが低いのが「Dirty Cash Cow」、経済パフォーマンスは低いが環境パフォーマンスが高いのが「Green Question Mark」、経済パフォーマンス・環境パフォーマンスともに低いのが「Dirty Dog」である。(b)は縦軸を経済パフォーマンス、横軸を社会パフォーマンスとした場合で、経済パフォーマンス・社会パフォーマンスともに高いのが「Social Star」、経済パフォーマンスは高いが社会パフォーマンスが低いのが「Anti-social Cash Cow」、経済パフォーマンスは低いが社会パフォーマンスが高いのが「Social Question Mark」、経済パフォーマンス・社会パフォーマンスともに低いのが「Anti-social Dog」である。(c)は(a)と(b)を統合したもので、縦軸を経済パフォーマンス、横軸を環境・社会パフォーマンスとした場合で、経済パフォーマンスと環境・社会パフォーマンスともに高いのが「Sustainable Star」、経済パフォーマンスは高いが環境・社会パフォ

第6章 持続可能なマネジメントの体系と展開

```
(a)
経済パフォーマンス  高: Dirty Cash Cow | Green Star
                 低: Dirty Dog | Green Question Mark
                    低  高  環境パフォーマンス

(b)
経済パフォーマンス  高: Anti-social Cash Cow | Social Star
                 低: Anti-social Dog | Social Question Mark
                    低  高  社会パフォーマンス

(c)
経済パフォーマンス  高: Unsustainable Cash Cow → Sustainable Star
                 低: Unsustainable Dog | Sustainable Question Mark
                    低  高  環境・社会パフォーマンス
```

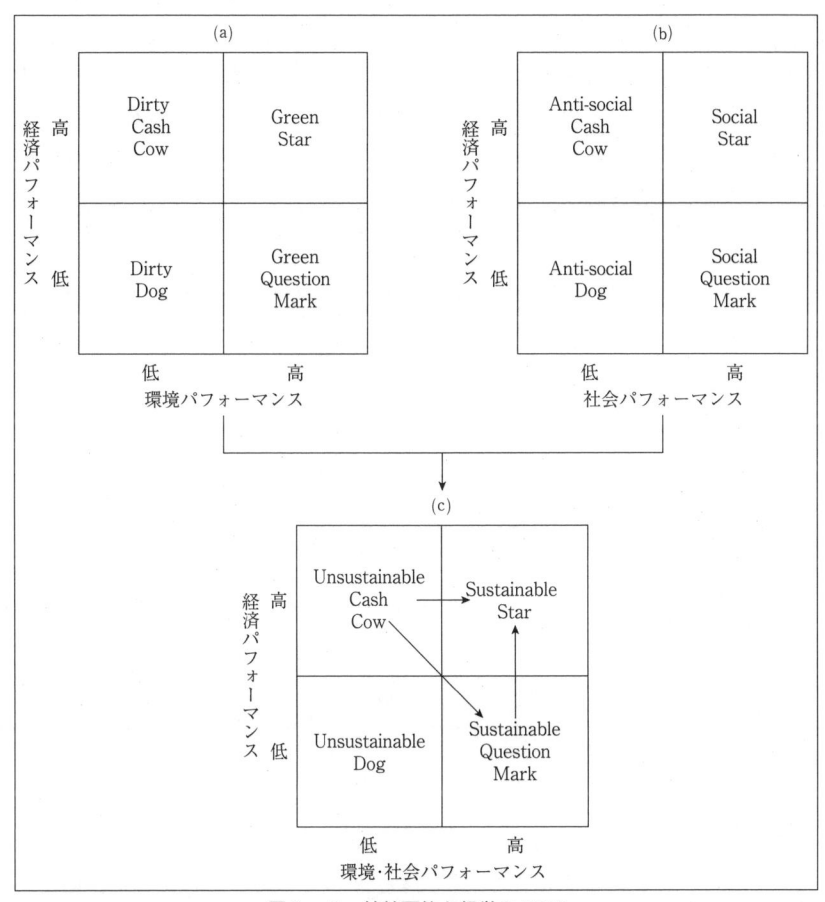

図6-8　持続可能な経営の PPM

出所：(a)は Russo, ed.(2008) p.443、(b)と(c)は筆者作成。

ーマンスが低いのが「Unsustainable Cash Cow」、経済パフォーマンスは低いが環境・社会パフォーマンスが高いのが「Sustainable Question Mark」、経済パフォーマンスと環境・社会パフォーマンスともに低いのが「Unsustainable Dog」である。

　持続可能な経営における PPM でも、「金のなる木」から得られたキャッシ

175

ュを「問題児」に投入し、その「問題児」を「花形事業」に育成していく方向性が考えられるが、通常のPPMとは異なり、「花形事業」を将来的に「金のなる木」にするというのが理想的とはいえない。「Unsustainable Cash Cow」は経済パフォーマンスは高くても、環境・社会パフォーマンスが低いため、短期的には事業の継続ができても、このSBUも最終的には「Sustainable Star」を目指す必要があろう。万一このSBUが多大な環境・社会負荷を与えることになれば、会社そのものの存続を左右することにもなりかねないことは銘記すべきである。トリプル・ボトムラインの実現のためにも、自社のSBUの多くをいかに「Sustainable Star」に育成できるかが鍵となる。

　なお、ここで、経済パフォーマンス、環境パフォーマンス、社会パフォーマンスとしてどんな指標を選択するかが問題となる。一般的には、経済パフォーマンスはROE、ROA等の財務データ、環境パフォーマンスにはCO_2排出量、PRTR法[14]対象の有害化学物質排出量、TRIデータ等が使用可能であるが、例えばRusso, ed.(2008)では経済パフォーマンスの指標としてマーケットシェア、市場成長率、利益率等を、環境パフォーマンスの指標として環境効率(Eco-Efficiency)を挙げている。環境効率は、1991年に「持続可能な発展のための世界経済人会議(WBCSD)」が提唱した概念で、製品・サービスにより生み出す価値をその創出に伴う環境負荷で割ったもので表される。ただ、明確な統一的定義はなく、一般には分子に性能、機能、売上高等を、分母に資源投入量、消費エネルギー、CO_2排出量等を当てはめ、計算される。各社が独自に測定しているため、商品の環境性能の比較可能性の観点からも、指標の標準化を求める動きもあり、例えば日本でも家電業界では2006年からエアコンの環境効率を求める計算式として、(基本機能×標準使用期間)を分子、ライフサイクル全体における温室効果ガスの排出量を分母としたものが提唱されている。環境パフォーマンス指標はどの指標を選択するにせよ、比較的数量化しやすいのが特徴である。一方、社会パフォーマンスはGRIガイドラインの箇所でも述べたように、定量化できるものと定性的な指標も多く、指標の数量化、観測変数の合

成化等も慎重に考慮する必要があり、環境・社会パフォーマンスとして、いかなる指標を選択するかが重要となろう。

以上のような検討事項はあるものの、図6-8は企業がサステナビリティ的視点から事業展開・資源配分する上での1つの指針を提供するものである。持続可能なマネジメントを展開する上での、サステナビリティ的視点という「スクリーン」によるPPMといえよう。

〈コーポレート・ガバナンスと持続可能なマネジメントの展開〉

企業の持続可能な成長・発展を担保するには、それを実現するための運営システムである持続可能なマネジメントの展開のための仕組みづくりでもある組織体制とコーポレート・ガバナンスのあり方が重要となる。コーポレート・ガバナンスに関しては、トップのリーダーシップ、経営理念の下、企業経営の透明性を企図し、取締役会、監査役会のあり方をはじめとする、マネジメント体制や経営監査・監視機構の整備、コミュニケーションやコンプライアンス体制の確立を踏まえた、ステイクホルダーへの情報公開とアカウンタビリティ等のあり方に関わる企業統治を巡る議論が必要となる。健全で効率的な経営を目指し、企業不祥事の抑止機能だけでなく企業競争力の強化に寄与するコーポレート・ガバナンスの下での、持続可能なマネジメントの展開が今後は求められるが、この分野の先行研究は管見の限りまだ少ない。例えば飫冨他(2006)、海道・風間編著(2009)等がCSRとコーポレート・ガバナンスに関し、コンプライアンスとの関連、「CSR型ガバナンス」の提唱、SRIとコーポレート・ガバナンスについて論及し興味深いが、持続可能なマネジメントの推進体制との関連は必ずしも明確に示されていない。

そこで、本書では、コーポレート・ガバナンスの仕組みと持続可能なマネジメントの推進体制を各社の『サステナビリティレポート2009』等を参考に図6-9で示す。株主総会、取締役会、監査役会、会計監査人、ガバナンス委員会、内部統制委員会、持続可能なマネジメント推進体制と業務執行組織のそれ

第Ⅱ部　現代企業の課題と持続可能なマネジメントの体系〈実践編〉

ぞれの相互関係、ステイクホルダーとの関わり等を示している。持続可能なマネジメントの推進を担保するためには、その実効的な仕組みづくりとチェック機能が重要となる。既に論じたように、持続可能なマネジメントは、持続可能なマネジメント推進のための組織体制(図6－4)の下、PDCAサイクルに従い進められ、モニタリング、内部監査等によるチェック、さらにはサステナビリティ推進委員会、トリプル・ボトムライン検証委員会による指示・モニタリングを受けつつ進められることが肝要である。さらに、図6－9に示すように、こうした業務執行を経営全体的に監督・チェックするガバナンス体制としての、株主総会、取締役会、監査役会、会計監査人、ガバナンス委員会、内部統制委員会、ステイクホルダー等による重層的な監督・チェック・統制の実効的な仕組みが持続可能なマネジメントの推進を大きく左右するものとなる。経営の効率性の向上・健全性の維持・透明性の確保の観点から、適正で効率的な業務執行を担保できるように、意思決定の透明性・迅速性も図りつつ、監視・監査機能を適切に組み込んだ、実効性の高いコーポレート・ガバナンス体制下での持続可能なマネジメントの展開が必要となる。

なお、日本でも2003年4月の改正商法施行により大企業(資本金5億円以上または負債総額200億円以上)には、いわゆる米国型企業統治形態である委員会設置会社が認められるようになった。これは、経営の監督機能と業務の執行機能を分離し、社外取締役に強い権限を与え、経営監視を強化し、株主価値の重視を目指すものである。具体的には、監査役を廃止し監査役の役割を担う監査委員会、取締役候補を決める指名委員会、役員の報酬を決定する報酬委員会を設け、各委員会は取締役3人以上で構成し、そのうち過半数は社外取締役が占め、経営の透明性を高めることが目的となっている。導入初年度の2003年にソニー、東芝、HOYA等が導入したが、日本監査役協会によると、上場区分別の委員会設置会社数は1部上場企業が54社、2部上場が4社、そのほか上場会社が15社、非上場企業が39社となっており(2009年4月時点)、完全に米国型企業統治形態に移行した企業は上場企業の1割に過ぎない。日本の上場企業の

第6章 持続可能なマネジメントの体系と展開

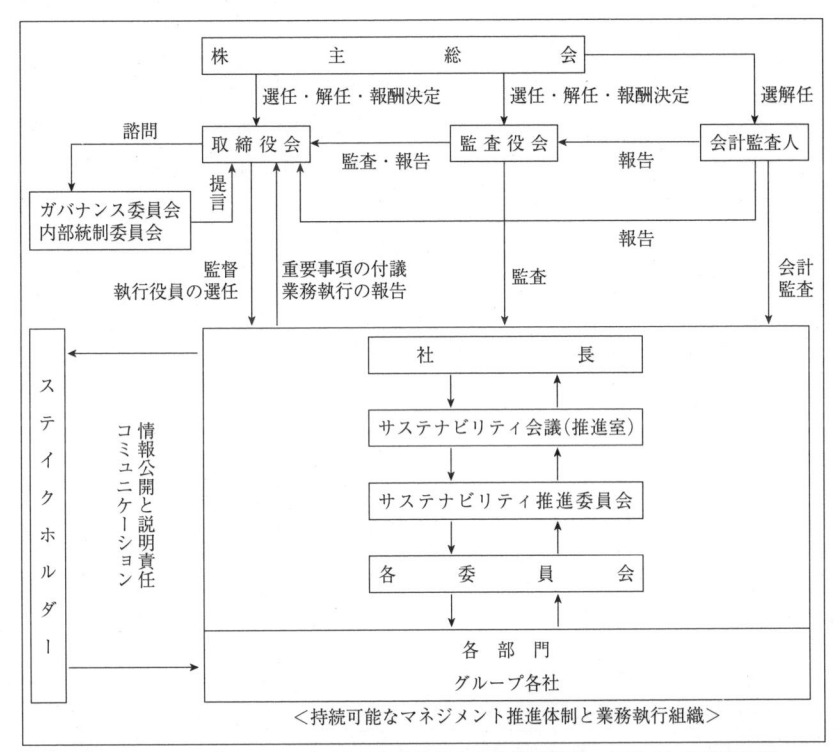

図6-9 コーポレート・ガバナンスの仕組みと持続可能なマネジメント推進体制
出所：各社の『サステナビリティレポート2009』等を参考に、筆者作成。

約9割はなお監査役設置会社である。実際には執行役員を設け、監督機能と執行機能は分離させるが、従来の監査役制度を維持する、いわば日米の統治形態の折衷型を採用している企業が多い。こうした現状にも鑑み、図6-9では日本の大企業の多くが採用している執行役員を設けた監査役設置会社を想定した図にしている。今後、企業が持続可能なマネジメントを展開する上で、コーポレート・ガバナンスのあり方を検討する際、経営の透明性の確保、ステイクホルダーへの対応、意思決定の迅速性、コンプライアンスへの配慮等を踏まえた、経済・環境・社会のトリプル・ボトムラインを担保するコーポレート・ガバナ

第Ⅱ部　現代企業の課題と持続可能なマネジメントの体系〈実践編〉

ンスのあり方が問われることとなろう。

　さらに、コーポレート・ガバナンスを巡る最近の動きで注目されるのが、内部統制を巡るそれである。アメリカでは、2001年に急成長エネルギー企業であったエンロン社が不正経理、粉飾決算の発覚により破綻に追い込まれ、監査機能を果たせなかった大手会計事務所のアーサーアンダーセンが消滅する等、大手企業の不正経理が次々と明るみになる中、会計面のみならず、経営方針、業務ルール、コンプライアンス、リスク・マネジメントといった広範な視点からの統制の必要が唱えられるようになり、2002年にサーベンス・オクスリー法(SOX法、米国企業改革法)が成立し、内部統制システムの構築・運用が経営者の義務とされ、監査は外部監査人の義務となった。日本でも、カネボウ、ライブドア事件等、大手企業による不正経理、粉飾決算が後を絶たないが、2006年5月に施行された会社法により、資本金5億円又は負債200億以上の大企業には内部統制システムの構築が義務づけされた。内部統制とは、業務の効率性・有効性の向上、報告される財務諸表の信頼性確保、関係諸法規の遵守を目的として、企業で運用される仕組みを指す。効率的な業務遂行、コンプライアンス、リスク管理、財務報告、情報の管理・保存、連結経営における業務の適正確保、監査、モニタリング、監査役等から成る内部統制システムの継続的改善・向上が求められるようになった。また、証券取引法の改正により金融商品取引法が成立し、上場企業には内部統制が適正に行われていることを示す内部統制報告書の提出が義務づけられ、監査役、会計監査人の監査を受けることが義務づけられた。国内でのこうした一連の日本版SOX法への対応もあり、持続可能性を追求する日本企業にもコーポレート・ガバナンス体制の改善・強化が重要な課題となってきている。

　なお、持続可能なマネジメントの効果的かつ効率的展開の上で、その展開を大きく左右するのが、経営トップの強力なリーダーシップとコミットメント、環境教育やCSR教育といった持続可能性に関わる社員教育・訓練を通じた全社員の意識変革等であることはいうまでもない。

4　むすび

1では、現代企業の直面するサステナビリティ課題とステイクホルダーの特定に関し考察した。2では、環境マネジメント、CSRマネジメントの拡大・発展・統合形態としての持続可能なマネジメントとは何かを明確にし、持続可能なマネジメントとは、サステナビリティ課題に鑑み、組織統治のあり方を踏まえ、組織のPDCAサイクルに人権、労働慣行、環境、公正な事業慣行、消費者課題、コミュニティの発展への配慮を組み込み、ステイクホルダーに対してアカウンタビリティを果たすことで、経済的・環境的・社会的パフォーマンスを向上させ、組織の持続可能な発展を目指すもので、サステナビリティ統合マネジメントの展開を意味する、と定義づけた。3では、持続可能なマネジメントの体系的枠組みを提示し、持続可能なマネジメントの展開上のポイントを検討した。そして、持続可能なマネジメント展開上の重要な要素として、持続可能性の実現(トリプル・ボトムライン)、サステナビリティ課題の認識と特定、ステイクホルダーへの対応(ステイクホルダー・エンゲージメント)、マネジメント・プロセス(PDCAサイクル)、コーポレート・ガバナンスの5つを抽出した。

現在、持続可能な社会構築への模索が続く中、環境経営・CSRへの関心の高まりを受け、持続可能な経営モデルによる企業経営のあり方が真摯に問われている。持続可能な経営モデルとは、経営の意思決定やすべての業務プロセス(研究開発・調達・生産・販売・人事・財務等の各プロセス)にサステナビリティ課題への配慮を組み込み、競争優位性の維持・強化を図る持続可能なマネジメントによるビジネスモデルである。

企業としては、サステビリティ課題を視野に入れた統合的マネジメントシステムを構築し、全社をあげての意識革新、継続的改善、経営基盤の強化、ステイクホルダーからの支持へと繋げ、企業価値を向上させ競争優位性を確立し、持続可能な企業になり得るかが、21世紀の企業社会で生き残るためのメルク

第Ⅱ部　現代企業の課題と持続可能なマネジメントの体系〈実践編〉

マールとなろう。

―――――――――――

(1) グローバル・コンパクト・ジャパン・ネットワーク(GC-JN)のHP(http://www.ungcjn.org)を参照。
(2) グローバル・コンパクトのHP(http://www.unic.or.jp/globalcomp/index.htm)を参照。
(3) 本章の考察では、約100社の企業(例えば、パナソニック、リコー、キヤノン、トヨタ自動車、東芝、ソニー、NEC、シャープ、日立、富士通、オムロン、アサヒビール、JT、キリンビール、キッコーマン、コカコーラ、ハウス食品、味の素、サントリー、日本ハム、マルハニチロ、P&G、富士ゼロックス、日本IBM、三菱商事、三井物産、住友商事、伊藤忠商事、資生堂、花王、日本製紙、太平洋セメント、神戸製鋼所、ブリヂストン、住友ゴム、三菱重工、旭化成、ダイキン工業、大和ハウス、損保ジャパン、大和證券、ファミリーマート、イオン等)の『サステナビリティレポート2009』(なお、企業により名称は、CSRレポート、CSR報告書、環境・社会報告書等となっている場合がある)を参考にした。以下、本章で各社の『サステナビリティレポート2009』等を参考に、という記述はこのことを意味している。
(4) 谷本(2006)p.53を参考に一部修正した。
(5) バランスト・スコア・カードのCSR分野における具体的な活用方法に関しては、例えば、伊吹(2005)等を参照されたい。
(6) 詳しくは、SIGMA(2003b)pp.288-299を参照されたい。
(7) モニタリング・システムとレポーティング・システムに関しては、主に倍編著(2009)pp.67-153を参照した。
(8) SIGMA(2003b)pp.224-287.
(9) 山上他編著(2005)p.2。
(10) 詳しくは、例えば國部(2005)等を参照されたい。
(11) 倍編著(2009)p.74。
(12) 倍編著(2009)p.72。
(13) 例えば、倍編著(2009)。
(14) PRTR(Pollutant Release and Transfer Register：特定化学物質の把握と管理・促進)法は、OECDが1996年に加盟国に導入を勧告し、アメリカ、ドイツ、フランス、オランダ、カナダ等が実施しているが、日本は1999年に制定、2001年以降本格施行に至っている。事業者は354の環境汚染物質ごとに環境に排出される量を推計し、都道府県を経由して国に届け出ることが義務づけられている。

終　章
要約・結論・展望

　本書の考察は、序章で既述したように以下のような問題意識と課題の設定から始めた。

　つまり、現代企業の直面する新たなコンテクストである持続可能性への対応の重要性からも、トータル概念としての持続可能性へのマネジメント対応の適否が企業の命運を左右する状況下で、環境マネジメント、CSRマネジメントの拡大・発展・統合形態としての持続可能なマネジメントの体系を提示することが現代経営学の重要な課題となりつつある。

　持続可能なマネジメントに関する問題は経営学でも新しい研究分野であるが、主に環境経営・マネジメント研究、CSR経営・マネジメント研究の中でアプローチされてきた。ただ、こうした既存の研究は、これまでのマネジメント研究の歴史を踏まえた、環境マネジメント論、CSRマネジメント論、持続可能なマネジメント論の経営学史的な位置づけが不明確であること、理論研究と規格面の両方からのアプローチが希薄であること、環境経営やCSRのどちらかにウェイトを置いた研究であるためトータル概念としての持続可能性への対処という視点からのマネジメント体系の提示が必ずしも明確でないこと、マネジメント・プロセス的アプローチが希薄なものがあること、持続可能なマネジメントを巡る概念整理が不十分なものがあること、経営活動全体の中での持続可能なマネジメントの位置づけが不明確であること、戦略的視点の欠落やコーポレート・ガバナンスとの関連の不明確さといった諸点も窺える。各分野からの研究も深化しつつあるが、マネジメント研究の歴史を踏まえた、持続可能なマ

ネジメントに関する体系的な理論構築の提示に至っているとは言い難い。

そこで、本書ではこうした問題意識を踏まえ、SIGMA ガイドライン、GRI ガイドライン等の既存のガイドラインや規格にも配慮しつつ、経営学におけるマネジメント研究の歴史を踏まえた上で、環境経営研究と CSR 研究の両面からマネジメントの新潮流を巡る理論的・実践的成果を体系的に検証する中で、今後の企業のあり方を探り、持続可能なマネジメントの体系的理論を試論的に提示することを研究課題とした。

つまり、本書の特徴ないし分析視角は、組織と環境を巡るマネジメント研究の歴史を踏まえ、環境マネジメント論、CSR マネジメント論、持続可能なマネジメント論を経営学史的に位置づけること、理論研究と規格の整備状況の今日的到達点の整理と検討を行うこと、理論と実践の双方向からのアプローチ、環境経営研究と CSR 経営研究の統合理論の提示、環境マネジメントと CSR マネジメントの拡大・発展・統合概念としての持続可能なマネジメントに関する概念整理、マネジメント・プロセスによる理論的枠組み等の持続可能なマネジメントの体系と展開を、現代企業の課題に照らしつつ提示することである。

以下、終章では、各章(第1章～第6章)の考察を要約した上で、本書の結論ないし研究成果を述べ、今後の研究課題を展望する。

1　各章の要約

第Ⅰ部「マネジメントの展開と新潮流〈理論編〉」では、マネジメントの展開(第1章)、環境経営を巡る理論と規格(第2章)、CSR を巡る理論と規格(第3章)を考察した。

第1章では Scott(2003)の4つの組織モデルの類型化に依拠し、組織と環境を巡るマネジメント研究の展開過程を検討した上で、今後の研究の方向性を展望し、さらに環境マネジメント論、CSR マネジメント論、持続可能なマネジメント論の経営学史的な位置づけを行った。

closed-rational system モデルには科学的管理論、管理過程論、官僚制理論が属し、closed-natural system モデルには人間関係論、人的資源アプローチ、社会システム論が属するが、両モデルでは社会システム論での部分的展開を除き、組織と環境という視座が明確ではない。1950年代までの企業経営の当面する課題が主に組織の内部効率の達成にあったことにも因るが、1960年代になると市場環境の不確実性の深化等を背景に、企業経営の課題が外部環境への適応に移行していく。そうした中で、行動科学的組織論までの組織・管理論が closed system に基づき、あらゆる環境下に当てはまる最善の普遍的組織化の方法を探究してきたのとは異なり、組織の直面する個々の状況が異なれば有効な組織化の方法も異なると唱え、管理原則学派に批判の矢を放ったのが、直接の淵源をタヴィストック研究所の社会─技術システム論とし、open-rational system モデルに属するコンティンジェンシー理論であった。コンティンジェンシー理論の問題点の克服は、経営戦略論、組織間関係論、動態的組織論、パワー及び政治的プロセスに関する理論等の、open-natural system モデルとしてのポスト・コンティンジェンシー理論に受け継がれた。

　各モデルを検証して得られた知見は、経営・組織研究の方向は、closed system アプローチから open system アプローチへと進展してきたこと、また合理的モデルと自然体系モデルに関しては両者の優劣を論じるよりも組織現象の全体的解明を企図するならば、両者による組織構造・組織行動に対する相互補完的把握が必要であるということであった。また、組織と環境との相互関係を巡る視角に関しては、環境適応理論は環境適応という視角を提示し、経営戦略論・動態的組織論がそれを超克する方向で環境対応という視角を提示してきた。さらに、知識創造理論が解明する知の創造プロセスを通じて、環境創造という新たな視角への地平が拓けてきたことを見た。このように企業組織と環境を巡る研究動向は、環境適応理論から環境対応・創造理論の構築・提示への模索という趨勢にある。

　ただ、open system 観に立脚したコンティンジェンシー理論や経営戦略論に

より、はじめて企業の内部・外部環境の問題に目が向けられるようになったが、こうした研究の分析対象は主に市場環境・技術環境・競争環境であり、マネジメント研究から自然環境や社会環境は捨象されてきた。現代企業の環境対応、社会対応の重要性に鑑みても、既存のマネジメント体系に環境マネジメント、CSRマネジメントを組み込んだ新たなマネジメント体系及びその体系的研究が必要となってきた。

そして、Scott(2003)の組織モデルの類型化に基づいた、環境マネジメント論、CSRマネジメント論、持続可能なマネジメント論のマネジメント研究における位置づけと、環境・組織・人間の規定関係に関しては、図1－1のように整理した。

第1章から得られた知見としては、既存のマネジメント研究における各理論モデルの特質、組織と環境の関係把握の特徴、各モデルの環境・組織・人間の規定関係、マネジメント研究の変遷と時代背景等を明確にした上で、既存のマネジメント研究では自然環境・社会環境の分析対象からの捨象が窺えたこと、そして、環境マネジメント論・CSRマネジメント論・包括的な持続可能なマネジメント論の位置づけと環境・組織・人間の規定関係を整理したことであった。

第2章「環境経営を巡る理論と規格」では、環境経営を巡る理論展開をトレースし、環境経営に関するISO規格、国内規格に関し考察した。既述したように、持続可能なマネジメントに関する問題は、主にこれまで環境経営・マネジメント研究、CSR経営・マネジメント研究の中で論じられてきた。本書の接近方法の特徴でもある環境経営研究とCSR研究の両面からのアプローチを試みるために、第2章と第3章では、環境経営及びCSRを巡る理論研究の展開と規格の整備状況を検証した。

まず、環境経営に関する研究動向として、1990年代以降の、環境戦略・組織の類型化に関する研究、環境パフォーマンスと経済パフォーマンスの相関関

終章　要約・結論・展望

係に関する実証研究、環境経営に関するマネジメント論による体系的研究に着目して検討した。

　環境戦略・組織の類型化に関する研究は、欧米を中心に多く展開されており、例えば Hart(1995)、Welford, ed.(1996)、Russo and Fouts(1997)、Buysse and Verbeke(2003)、Aragon-Correa and Sharma(2003)、Esty and Winston(2006)等がある。環境戦略を巡る類型化の分類は、リアクティブ対応→プロアクティブ対応→環境イノベーターにおおよそ整理できると思われるが、実際の環境経営モデル(corporate response)の変遷史に関しては、Russo, ed.(2008)は1970年代以前は unprepared、1970年代(1st Era：compliance)は reactive、1980年代(2nd Era：beyond compliance)は anticipatory、1990年代(3rd Era：eco efficiency)は proactive、2000年代(4th Era：sustainable development)は high integration と整理しており、持続可能な経営モデルの解明の必要性を示唆している。以上から今後の環境経営の方向性としては、統合管理システムをベースとしたプロアクティブ対応による環境イノベーター型モデルが窺えた。

　環境パフォーマンスと経済パフォーマンスの相関関係に関する実証分析も、1990年代以降、欧米を中心に数多く展開されてきた。そして、これらの研究はポーター仮説を巡る研究でもあった。この仮説を巡り、環境規制と経済パフォーマンスの相関性等、仮説の妥当性の検証に関する研究が多くなされてきたが、ポーター仮説を支持する実証研究としては、例えば Hart and Ahuja(1996)、Russo and Fouts(1997)、King and Lenox(2002)、Al-Tuwaijri, et al.(2004)、Porter and Kramer(2006)等、一方、ポーター仮説の不支持を示す研究としては、Walley and Whitehead(1994)、Palmer, et al.(1995)、Corderio and Sarkis(1997)、Rugman and Verbeke(1998)、Wagner, et al.(2002)等がある。ポーター仮説を巡り様々な研究がなされてきたが、まだ決定的結論は得られていない。今後は、成果変数の選択・測定方法の更なる検証、どんな与件・組織要因が環境パフォーマンスや経済パフォーマンスにいかに作用するのかの解明、環境行動プロセスのメカニズムの解明、総合的環境経営活動の評価法の開発等が課題

となるが、日本でもこうした問題意識を踏まえ、金原・金子(2005)、天野他編著(2006)、豊澄(2007)、金原・藤井(2009)等の研究成果が公表されており、今後の深化・発展が期待される。

　環境経営に関するマネジメント論による体系的研究に関しては、2000年以降、環境経営学の体系的構築が急速に進みつつあり、例えば鈴木(2002)、天野他編著(2004)、高橋・鈴木編著(2005)、國部他(2007)、鈴木・所編著(2008)、Russo, ed.(2008)、足立・所編著(2009)等の環境経営学の体系的構築を企図した研究がなされてきた。企業の現場でのISO14001の普及・浸透による環境マネジメントシステムの整備が進んだことも背景となり、2000年前後から環境経営学の体系的研究と環境マネジメントの体系化が進展した。また、ISO14000ファミリーの整備もあり、環境マネジメントシステム構築のための様々な支援ツールも充実し、環境マネジメントのシステム化はほぼ完成しつつある。こうした規格の整備もあり、環境経営・マネジメントを巡る研究ではPDCAサイクルのマネジメント・プロセスによる体系的研究が多くなされてきたことが特徴である。さらには、現代企業が環境経営からCSR経営へ、さらには持続可能な企業経営へと進化しつつある中で、研究面では環境経営研究からCSR・サステナビリティ研究への拡大・進化が問われる。ISO14000ファミリーの今後の方向性、統合システム化に向けた動き、CSR経営への拡大・進化、トータル概念としてのサステナビリティへの企業の対応等を勘案すると、環境経営とCSR経営を統合した理論フレームワークの構築が必要となる。

　環境経営に関するISO規格に関しては、環境ISOの規格化の経緯、ISO14000ファミリーの概要、ISO14001の概要、改訂版ISO14001：2004とマネジメントシステムの統合、ISO規格の可能性と限界に関し論及した上で、ISO14000ファミリーと今後の展望として、ISO14000ファミリーではISO14001を中核にその支援ツールの規格開発・整備も行われ、ほぼ体系化されたこと、ISO／TC207の将来的活動分野としての持続可能性、システム統合への方向性を確認した。ISO14001はPDCAサイクルによるマネジメントシ

終章　要約・結論・展望

ステムの普及に寄与し、企業の現場への普及・浸透度合いからも持続可能なマネジメントシステムのマネジメント・サイクル構築の際のベースとなり得ることも指摘した。

また、環境経営に関する国内規格として、エコステージ、エコアクション21、KESを取り上げ、環境マネジメントシステムは企業の規模、特性、目的、資金力等の様々な条件に照らして現実的に構築し、それに見合った規格を選び、認証登録を受けるのが特に零細・中小企業にとっては現実的となることを述べた。特に、エコステージは企業の発展段階論的規格として評価できること、中小・零細企業のシステム構築に寄与していること、さらに環境マネジメントシステムを踏まえたシステム統合・CSR・内部統制や、管理の高度化に対応した実践的指針となり得ることを指摘した。

第3章「CSRを巡る理論と規格」では、CSRを巡る理論研究を欧米と日本の研究動向から整理・検討し、CSRに関する様々な規格の整備状況及びISO26000に関し論及し、ISO26000の示唆する方向性を検討した。

欧米と日本におけるCSR理論研究の展開は以下のように整理できる。20世紀初頭の企業の大規模化、専門経営者誕生を背景にSheldon(1924)が経営者の社会的責任に論及し、1930年代のバーリとドッドの論争を経て、CSRの包括的研究はBowen(1953)を嚆矢とし、McGuire(1963)、Davis and Blomstrom(1971)等の体系的研究が公表され、Ackerman and Bauer(1976)は「社会的即応性」の重要性を、Carroll(1979)はCSRの4層構造モデル(経済的責任、法的責任、倫理的責任、裁量的責任)を提唱した。80年代以降は「企業→社会」から「社会→企業」という視座に移行していく(Brummer(1991))。同時に企業倫理への学問的接近による論議が活発化し、フレデリックは中核概念の推移モデル(CSR1→CSR2→CSR3、責任→即応性→妥当性)を、Epstein(1987)は企業の社会的責任・企業の社会的即応性・企業倫理を統合した「経営社会政策過程」という概念を提唱し、Donaldson and Dunfee(1999)は価値多元性の潮流の中、普遍的価値を

有する「超規範」を最優先する統合社会契約理論を展開する。また、Freeman(1984)を起点とするステイクホルダー・アプローチは企業と社会を照射する分析ツールとして多様に展開されるが、高岡・谷口(2003)は脱ステイクホルダー・モデルを提示する。80年代以降、日本でも高田(1989)、森本(1994)、水谷(1995)等が研究を展開させたが、2000年以降、経済同友会(2003)、高他(2003)、水尾・田中編著(2004)、谷本編著(2004)、天野他編著(2004)、高他編(2004)、谷本(2006)、松野・堀越・合力編著(2006)、谷本編著(2007)等のCSRの体系的研究が公表されてきた。また、最近ではサステナビリティ、トリプル・ボトムラインをキー概念にした体系的研究も進んでいる。例えば、Laszlo(2003)、Henriques and Richardson, eds.(2004)、Savitz(2006)等がある。Elkington(1997)によるトリプル・ボトムラインの提唱を受け、研究及び実践面での深化が行われてきた。以上のように、今日、CSR研究は多面的・実践的に展開されている。

　さらに、CSPに関する研究動向を検討した。CSPをCSR指標とし企業パフォーマンスとの関係を検証する研究は、CSRの企業業績向上への寄与度に関する実証研究として既に多くの研究成果が公表されているが、CSRと企業業績向上との関連性には一貫した結論は得られていないことを見た。その理由として、CSR指標の選択の適切性、測定困難性の問題も挙げられるが、今後、企業のCSR対応と企業業績との相関関係も問われる中、費用対効果分析や多変量解析による社会性・経済性を構成する各変数の相関関係やCSP測定方法の精緻化等の企業評価を巡る研究の深化・発展が期待される。

　ステイクホルダー・マネジメントに関する研究に関しては、様々なアプローチを検討した上で、ステイクホルダーの明確性や相互関係に配慮した対応のあり方、マテリアリティに配慮した、各アプローチを相互補完的複合的に活用する効果的な対応の必要性を指摘した。ステイクホルダー・マネジメントでは、ステイクホルダーの識別・特定(ex.資源取引アプローチ(Carroll and Buchholtz(2003)、Lawrence, et al.(2005)))、明確性アプローチ(Mitchell, et al.(1997)))、その行

動様式(ex.協調的・敵対的)の分析(Emshoff(1980))と戦略立案・対応(ex.相互関係アプローチ(Savage, et al.(1991)))を行い、「明確性」や「相互関係」に配慮した複合的リレーションズを踏まえ、自社にとっての各ステイクホルダーの全体像を明確にする「ステイクホルダー・ランドスケープ」に基づいた多角的なステイクホルダー・ダイアログを進め、ステイクホルダー・エンゲージメントを展開する必要がある。

　以上、時代の変遷とともに発展してきたCSR研究蓄積と今日的到達点を検討した。ここから得られた知見をまとめると、既存の研究展開は企業倫理学的研究を中心に展開され、マネジメント・プロセス研究の希薄性が否めないこと、CSPに関する実証研究ではCSP測定法の開発も進むが、企業業績との相関性には未だ結論が出ていないこと、ステイクホルダー・マネジメントに関する研究ではステイクホルダー類型化に関する研究の深化、ステイクホルダー・マネジメントの理論的枠組みの提示、ステイクホルダー・エンゲージメントの重要性への示唆、また最近の傾向としては、サステナビリティ、トリプル・ボトムラインに関する研究の深化、PDCAサイクルに基づくマネジメント・プロセスによるCSRマネジメント研究の発展等である。それぞれ示唆に富む研究が多いが、大きな特徴の1つは、最近の一部の研究を除き、企業倫理的研究を始め、既存の研究ではマネジメントの内実に迫るような、マネジメント・プロセスという分析視角からの研究が比較的希薄だったということであるが、本書ではマネジメント・プロセスという分析視角に注目した。CSR経営を展開するにはCSRマネジメントが鍵となるが、そのマネジメントの適否を左右するのがCSRマネジメント・プロセスである。その意味で、マネジメント・プロセスの体系を適切に提示することが重要となるが、既存の研究では最近の一部の研究を除き、こうした視角からの研究が比較的希薄だったように思われる。

　CSRマネジメント・プロセスを考察するには、SIGMAガイドライン等も大いに参考となるが、日本でもこれまでとかく希薄であったこの分野に、近年、特に大学研究者のみならず、シンクタンク系の研究者、経営コンサルタント、

実務家を中心とする研究が発表されている。例えば、谷本編著(2004)、古室他編著(2005)、伊吹(2005)、倍編著(2009)、海野(2009)、拓殖大学政経学部編(2009)等である。CSR経営を今後企業が展開する上で、CSRマネジメント・プロセスの適切な構築がその効果を左右することを勘案すると、マネジメント・プロセスという視角からの研究アプローチの重要性が窺える。

　CSRが注視される中、CSRに関する様々な原則・規格・ガイドラインが策定・公表されてきた。グローバル・サリバン原則、OECD多国籍企業ガイドライン、コー円卓会議の企業行動指針、国連グローバル・コンパクト、GRIガイドライン等である。また、各国の規格類としては、SA8000(米)、AS8003-2003(豪)、AA1000(英)、SD21000(仏)、ON-V23(墺)、ECS2000(日本・麗澤大学)、SIGMAガイドライン(BSI等)、BS8900(BSI, 2006.5)等がある。

　ISOではCSR規格化に関する議論は2001年4月ジュネーブでの第68回ISO理事会で始まり、2002年9月のISO理事会で技術管理評議会(ISO／TMB)の下に高等諮問委員会(High-level Advisory Group)が新設され、CSRの国際標準化に向け議論が深められてきた。組織適用可能性の観点からISOではSR(Social Responsibility)と称することが既に了承され、2004年6月にストックホルムで開催されたISOの第30回技術管理評議会で、SRについては第3者認証を目的とはしないガイドラインの策定に着手することが議決された。2005年3月にブラジルで開催された第1回ISO／TMB／WG on SR総会から規格開発が本格化し、2006年1月以降、規格本文の草案作成がスタートしている。2008年3月にはISO26000第4次作業文書第1版(WD4.1)が回付、2008年6月にはISO26000第4次作業文書第2版(WD4.2)が回付、2008年12月にはISO26000委員会原案(CD)が回付された。2009年9月にはISO／DIS 26000が回付され、2010年7月にはISO／FDIS 26000が回付、2010年9月に承認され、2010年11月にはSRのガイダンス規格ISO26000が発行された。

　ISO26000は、社会的責任は組織のパフォーマンスに影響を与える重要な要素の1つになりつつあるとの認識の下、提供される国際規格で、社会的責任の

基本となる原則、社会的責任に内在する課題及び組織内で社会的責任を実施する方法に関するガイダンスとなるものである。2009年9月に回付されたISO／DIS 26000(2009.9)によると、社会的責任の7原則(説明責任、透明性、倫理的な行動、ステイクホルダーの利害の尊重、法の支配の尊重、国際行動規範の尊重、人権の尊重)、社会的責任の認識及びステイクホルダー・エンゲージメント、社会的責任の7つの中核主題(組織統治、人権、労働慣行、環境、公正な事業慣行、消費者に関する課題、コミュニティ参画及び開発)、組織全体への社会的責任の取り込み等に関する手引書となっている。

ISO26000は、ISO14001とは異なり、マネジメントシステム規格ではなく、その意味でPDCAサイクルのCSRマネジメント・プロセスを明確に意識したものとはなっていないが、組織にとってのCSR諸課題(ないしサステナビリティ諸課題)の広範な主要領域を整理し、そのプライオリティの付け方、ステイクホルダーとの対峙の仕方、社会的責任の組織への統合等に関する指針を提示している。ISO26000は規格としてはあくまで大まかな考え方を述べるにとどめ、実際の運用はそれぞれの組織の自主的運用に委ねる形となっているが、今後、ISO26000は企業がCSRに取り組む際の基本的スタンスを検討する際の重要な指針となると思われる。

第Ⅱ部「現代企業の課題と持続可能なマネジメントの体系〈実践編〉」では、企業を取り巻く新たな状況と現代企業の課題(第4章)、持続可能性とマネジメントのあり方(第5章)、さらには環境マネジメント、CSRマネジメントの拡大・発展・統合形態としての持続可能なマネジメントの体系と展開(第6章)を考察した。

第4章「企業を取り巻く新たな状況と現代企業の課題」では、企業を取り巻く新たな状況を、環境問題・環境政策の変遷、環境ガバナンス、環境ビジネスの発展とグリーン・ニューディール政策から、次にCSRを巡る新たな状況を新たな企業評価、SRI、CSR調達、ソーシャルビジネスとBOPビジネス等か

ら考察した上で、現代企業の課題を環境経営とCSRの視座から検討した。

　2007年に公表されたIPCCの第4次評価報告書やスターン・レビューは、地球環境の危機的な状況に警鐘を鳴らし、最悪シナリオの回避策を講ずる必要性を唱えているが、地球環境はティッピング・ポイントに迫りつつある。今や、環境問題の焦点は地球環境問題へと移行しつつあるが、当初、環境問題は公害問題という形で地域的局所的レベルで顕在化した。

　産業革命以降、工業化・都市化の進展により環境問題が顕在化し、わが国においても企業による公害問題は既に明治10年以降、足尾銅山鉱毒事件、別子煙害事件等が起こり多くの犠牲が払われてきた。さらに1960年代以降の高度経済成長期には先進各国では大量生産・大量流通・大量消費・大量廃棄システムという20世紀型産業文明システムの下、環境問題はまず公害問題という形で地域的局所的レベルで深刻化していく。日本も4大公害時代に象徴される嵐の公害時代を経験するが、この時期、遅ればせながらも環境行政と環境法の整備がなされ、環境政策の一定の成果を上げていく。その後、1980年代後半になると環境問題の焦点は、地球環境問題(地球温暖化、酸性雨、砂漠化、オゾン層の破壊、生物種の減少、熱帯雨林の減少等)と都市・生活型公害問題に移行していく。特に近年では中でもCO_2の排出規制による地球温暖化の防止に関心が集まっている。2009年12月のコペンハーゲンでのCOP15では拘束力のない「コペンハーゲン合意」に「留意する」ことが承認されたが、先進国、新興国、途上国の思惑から交渉は難航し、最重要課題であった2013年以降の枠組みとなる「ポスト京都議定書」に関する議論は先送りされた。2010年11~12月のメキシコでのCOP16に引き継がれたが、さらに2011年11~12月の南アフリカでのCOP17に先送りとなり、予断を許さない状況である。一方、企業経営の現場でも公害対策のみならず、地球環境問題への取り組みが重要視されるようになってきた。地球環境問題の切迫性、環境規制の強化、グリーン・ニューディール政策、環境ビジネスの可能性、ロハスを志向する人々の増加等を背景に、企業経営の環境志向への動きも高まっている。環境問題・環境政策の変遷

に応じた経営戦略の見直し、企業行動のあり方が問われるようになった。

　また、環境ガバナンスにおける企業の役割も問われている。もとより、持続可能な経済社会の実現には、国際社会、各国政府、地方自治体、企業、地域社会、NGO・NPO、市民等の多様なアクター(主体)による参画と協働が欠かせない。複雑・多様化する現代の環境問題を鑑みると、こうした視座から解決策を探る環境ガバナンスという分析概念が重要となる。今後は、関連施策と連動させ、持続可能性を軸にすえた政策統合を図りつつ、多様なアクターによる積極的関与と問題解決を図る重層的環境ガバナンスの構築を通じた持続可能な経済社会の実現のあり方が問われる。その中でも、企業活動の及ぼす影響に鑑みると、環境ガバナンスに果たす企業の役割が真摯に問われ、各アクターとの連携等に関する分析も今後の課題となろう。

　環境ビジネスの可能性とグリーン・ニューディール政策の動きも今後の企業活動を窺う上で重要である。米国発の金融危機による2008年9月の「リーマン・ショック」以降の世界経済の動向になお不透明感が漂う中、景気浮揚と雇用創出を目指し、「環境」等を重点分野とした成長戦略に基づく経済対策が喫緊の課題である。国内でも円高・デフレによる企業業績の悪化、雇用・将来不安による消費不況が懸念される中、太陽光、風力等の再生可能エネルギー、スマートグリッド、エコカー、省エネ家電等の普及・促進は不況克服の起爆剤になると期待される。各国でも不況克服と環境保全を探るグリーン・ニューディール政策による環境ビジネスへの政策支援が展開され、環境ビジネスの成長・発展とともに持続可能な経済社会の構築が期待されている。こうした中、企業の対応としても、今後は公害時代のような規制へのリアクティブ対応のみならず、環境に配慮した環境経営の展開、環境問題をビジネスチャンスと捉えるプロアクティブ対応や環境イノベーションの推進が問われる。

　次に、CSRを巡る新たな動きとしては、1990年代以降、経済の加速度的国際化・情報化、消費者・投資家の変化、NGOの監視、CSR基準・規格の整備、グローバル企業のSCMにおけるCSR調達の動き、SRIといった企業評価を巡

る新たな動向等のCSRムーブメントが見られる。特にSRIは、ネガティブ・スクリーンとしての第1段階のSRI(〜1980年代)、ポジティブ・スクリーンとしての第2段階のSRI(1990年〜)を経て、2002年頃よりエンロン、ワールドコム事件を受け、SRIのクライテリアに財務面に環境・社会面、ガバナンス体制や企業経営の透明性といった非財務面をも合わせトータルとしての企業評価を問う第3段階のSRIに突入し、今後は投資市場からのトータルな企業評価に配慮したCSR経営のあり方が問われる。さらに、2006年4月には「グローバル・コンパクト」の金融版、「責任投資原則(PRI)」が公表されたが、機関投資家にもESG要因に配慮した投資行動が増すことを意味し、メインストリームのSRI化というSRIの第4段階を示唆する。ただSRIの今後の普及・拡大には、2008年9月の「リーマン・ショック」以降の世界経済の動向になお不透明感が漂う中、SRIのパフォーマンス、CSRと企業業績との相関性、機関投資家の受託者責任、ニッチ市場的現状等、予断を許さない。SRIの今後の動向は、サブプライムローン問題の収束の方向性、ギリシャ危機に象徴される欧州諸国(特にPIIGS)の財政問題、世界的景気回復の動向等に左右されると言わざるを得ない。

　また、欧米で新潮流のCSR調達(QCDに加え、環境・人権・労働条件・倫理・コンプライアンス等のCSR要素を勘案)はグローバル企業にCSR調達基準への対応を求める。特に、グローバル・アウトソーシングを進める電子業界・自動車業界等では、国内のみならず海外の進出先の地域でも、取引先企業も含め、環境、人権、労働、倫理面でのCSR調達基準への対応が必要となる。第4章では、グローバル展開する内外の電子業界、特に日本企業のCSR調達の動向を事例として見た。従来、日本では欧米に比べ、グリーン調達が先行しCSR対応は遅れていたが、今後は、グローバルなサプライチェーンの中で、日本企業にもCSR調達への対応が問われる。日本でも、既に主要大手企業の半分以上がCSR調達に何らかの形で取り組み始めており、「CSR調達ガイドライン」を定める動きが広まりつつある。日本経団連も2005年10月に企業がCSR活動を

行う際の参照ツールとして「CSR 推進ツール」を公表している。以上のように、2005 年前後から CSR 対応を取引先にも求める動きが日本の主要大手企業の中でも本格化し、今後、日本でも広がることを考慮すれば、大企業を主要な取引先としている多くの中堅・中小企業にも経営課題として CSR 対応が求められることとなる。

　一方、企業による CSR 活動のあり方が論じられる中、企業の現場でも社会的課題解決をビジネスとするソーシャルビジネスへの取り組みの動きが見られるようになってきた。ソーシャルビジネスとして新たにクローズアップされてきた BOP ビジネスを取り上げ、BOP ビジネスを巡る欧米企業の動向や日本企業の取り組み事例を検討した。そこから得られた知見として、企業は、今後、本業の業務プロセスに CSR 的配慮を組み込むことはもとより、BOP ビジネスのような社会貢献を通じたビジネスモデルの構築も問われ、それが新たな収益源となれば、収益の裏づけを得た CSR 事業展開が可能となること、そして、BOP ビジネスは、単に本業とは別に社会貢献、慈善事業を行うという次元から、本業のビジネスを通じ社会的課題解決を行うという持続可能なビジネスモデルの構築を示唆する、CSR の新たな次元への移行を意味することを指摘した。

　以上の考察を受け、最後に現代企業の課題を、環境経営の普及と深化、環境経営から CSR 経営へ、さらに CSR 経営から持続可能な企業経営へ、という観点から整理・検討した。

　第5章「持続可能性とマネジメントのあり方」では、企業経営にとっての新たなコンテクストとしての持続可能性に関し論及した上で、GRI ガイドライン、環境報告ガイドラインを検討し、最後に SIGMA ガイドラインの検討を通じて、マネジメントの新潮流としてのサステナビリティ統合マネジメントのあり方を展望した。

　持続可能性概念は、当初、地球環境の持続可能性という観点から論じられて

いたが、様々な国際的議論の中で、環境的持続可能性のみならず、経済的・社会的持続可能性を付加した包括的概念として発展してきた。企業経営の分野でも、持続可能性(サステナビリティ)＝トリプル・ボトムラインという新たな概念、重要なキーワードとして注目されることとなった。

　GRI ガイドラインは、サステナビリティ報告書のガイドラインであると同時に、持続可能な企業経営に求められる事項をまとめたガイドラインであり、企業の今後目指すべき方向性を示唆するものである。1999 年 3 月に公開草案が公表され、2000 年 6 月にサステナビリティ報告書ガイドラインの第 1 版(G1)、2002 年 8 月に第 2 版(G2)、2006 年 10 月に第 3 版(G3)が公表された。GRI ガイドライン(G3)の構成は、サステナビリティ報告の概要、パート 1、パート 2、一般的な報告留意事項となっている。GRI ガイドラインは、経済・環境・社会の 3 側面でのサステナビリティ報告書ガイドラインとなっていることが特徴だが、特にパフォーマンス指標に関しては経済・環境・社会の分野ごとに詳細に示している。ただ、GRI 指標には定量的なもの、定性的なものが混在しており、経済・環境・社会指標を単純に量的にトータルに評価するのは困難な面もある。また、各指標も今後さらに追加・検討され、より一層洗練化されることになろうが、持続可能な企業経営を評価する世界統一基準が未だ確立されていない状況下では、現在も企業が最も参照すべきガイドラインであることは間違いない。又、財務報告と GRI ガイドラインによるサステナビリティ報告との関係を明確にした。

　環境経営を展開するには、ISO14001 による環境マネジメントシステムを構築・展開することに加え、ステイクホルダーによる理解と支持を得るための環境情報の開示、環境アカウンタビリティが重要となる。そのツールとして普及してきたのが、環境報告書である。環境報告書は元来、1960〜70 年代に公害問題等の企業の社会的責任問題が顕在化した時期に欧米企業により公表が始まり、1990 年代後半以降、欧米、日本等で環境情報の開示を中心とした公表が進んできたが、2000 年以降、情報開示の領域が社会・経済面に広がってきた。

終章　要約・結論・展望

　時代の変化に応じ改訂された『環境報告ガイドライン(2007年版)』は環境報告書に記載すべき事項のガイドラインであると同時に、環境経営が目指すべき方向性を示唆したものである。法的義務のない自主的開示であるにもかかわらず、環境情報を包括的に各社の創意工夫によりステイクホルダーに開示するツールである。特に、環境情報開示に関しては、ISO14001の普及・浸透によるPDCAサイクルの確立もあり、環境に関する目標・実績の報告、環境パフォーマンスデータも詳細に定量的に開示されているケースが多い。ただ、日本企業の中でも環境報告書からCSR報告書等へと名称変更する企業が増加する中で、環境情報の開示と社会情報の開示の間には依然大きな格差が厳然とあるのも事実である。

　経済・環境・社会のトリプル・ボトムラインに配慮したアカウンタビリティが問われ、より広範な報告対象分野での信頼性を保持した情報開示が重要となってくる中で、先進的企業の現場では、今後、環境省の『環境報告ガイドライン(2007年版)』とGRIガイドライン(G3)の併用による、より精度の高い情報開示が行われることが期待される。

　企業が今後、持続可能な企業経営を目指すには持続可能なマネジメントの体系的なあり方を探る必要がある。現場でもその模索が続いているものの、GRIガイドラインをはじめ、環境経営・環境マネジメント領域での規格、環境報告ガイドライン・環境会計の整備・体系化、CSRに関する基準・規格の整備等、持続可能な企業経営の構築のための支援ツールが近年になり急速に充実してきた。こうした支援ツールを体系的に活かしつつ、持続可能な経営モデル構築に役立てるように開発されたガイドラインが、2003年9月に英国のSIGMAプロジェクトが発行したSIGMA (Sustainability Integrated Guidelines for Management) ガイドラインである。SIGMAガイドラインは、自然環境や社会環境への対応及びそこからのリスクやビジネスチャンスを戦略的に統合管理するフレームワークを提示しており、その特徴(マルチステイクホルダー参加型、パフォーマンスの改善達成を主たる目的に設定、既存の規格や先進的取り組みとの両立性、ステ

イクホルダー・エンゲージメントを信頼性確保の方法として重視、認証用ではなく実践のためのガイドライン)は、SR 規格化の議論での各ステイクホルダーの論点とも一致している。SIGMA ガイドラインは、SIGMA 原則、SIGMA マネジメント・フレームワーク、SIGMA ツールキットの3つのパートから構成されているが、特に SIGMA マネジメント・フレームワークは PDCA モデルに相当するマネジメント・プロセスを実際に構築する際の実践的モデルを提供し、それぞれの局面での参照すべき支援ツールの紹介等も詳細に行っている。ISO26000 がマネジメントシステム規格ではなく、マネジメント・プロセスを直接意識した構造となっていないことからも、持続可能なマネジメントないしサステナビリティ統合マネジメントのあり方を考察する際に、SIGMA ガイドラインが重要なインプリケーションを与えることとなることに注目した。ただ、SIGMA ガイドラインはあくまで戦略レベルのサステナビリティ課題への取り組みの仕組みが明確にシンプルに示されているのであり、オペレーショナルな次元での多様なマネジメントシステムの調整・統合の具体的説明不足や実際の調整手法といった点には限界もある。さらに、包括的で参照ツールキットが充実している反面、既存の取り組みの調整・統合に関する具体的な説明不足のほか、重要な社会的責任事項の選定方法や、トリプル・ボトムラインの弱点克服を企図した5つの資本に関する問題、各ツールキットに関する検証等、克服すべき課題もあることを指摘した。

第6章「持続可能なマネジメントの体系と展開」では、まず現代企業の直面するサステナビリティ課題とステイクホルダーへの対処に関し考察した上で、持続可能なマネジメントとは何かを明確にした。そして、持続可能なマネジメントの体系的枠組みを提示し、持続可能なマネジメントの展開を考察した。

現代企業の直面するサステナビリティ課題を整理・検討する手掛りとして、国連グローバル・コンパクトと ISO26000 を見たが、国連グローバル・コンパクトの 10 原則はシンプルなものであり、ISO26000 はあらゆる種類の組織にと

っての SR 諸課題(ないしサステナビリティ諸課題)の広範な主要領域を整理しているが、一方で汎用性が高い分、具体性に欠ける面が否めない。そこで、本書ではこれらを踏まえ、サステナビリティ課題の基本分野及びステイクホルダー別対応課題と企業の取り組むべき具体的項目事例を、各社の『サステナビリティレポート2009』等を参考に整理した(表6-1)。現代企業が対応すべき CSR ないしサステナビリティ課題が拡大・多様化する中で、サステナビリティ対応を展開するには企業の直面する課題の中で当該企業にとって何が重要な問題なのかを的確に見極めることが重要となる。企業にとっては、マテリアリティの高い問題を識別・選別することを意味する。そしてその上で、どのステイクホルダーに主に対応すべきかを特定し、エンゲージしていくマネジメントの確立が必要となる。GRI ガイドライン(G3)でもマテリアリティとステイクホルダー・エンゲージメントを重視していることは既に見たところである。そして、その際の鍵は経営トップのサステナビリティ課題に対する認識やコミットメントに大きく左右されることも銘記しておく必要がある。

さらに環境経営、CSR 経営、持続可能な経営というキー概念の相互関係を確認・整理した上で(図6-1)、本書では、持続可能なマネジメントとは、サステナビリティ課題に鑑み、組織統治のあり方を踏まえ、組織の PDCA サイクルに人権、労働慣行、環境、公正な事業慣行、消費者課題、コミュニティの発展への配慮を組み込み、ステイクホルダーに対してアカウンタビリティを果たすことで、経済的・環境的・社会的パフォーマンスを向上させ、組織の持続可能な発展を目指すもので、サステナビリティ統合マネジメントの展開を意味する、と定義づけた。

包括的な持続可能なマネジメントの体系的枠組みとしては、図6-3を提示した。経営全体的な体系の中で、持続可能性の実現、経営理念(ミッション)、経営方針(ビジョン)、環境分析(SWOT 分析)、経営戦略、マネジメントシステム、コーポレート・ガバナンスの諸要素を相互作用的影響に配慮しつつ、位置づけた。全社的な経営理念・経営方針・経営戦略に環境や社会への配慮とそれ

を活かした事業展開の方針等を組み込んだ持続可能性を軸としたマネジメントのあり方が企業の存続・発展を左右するものとなる。

　持続可能なマネジメント・プロセスのPDCAサイクルはSIGMAガイドライン、ISO14001等が参考となるが、本書ではより具体的に、持続可能なマネジメント・プロセスの構成要素を表6－2に示した。なお、ここでの持続可能なマネジメント・プロセスとは狭義の意味で使っており、図6－3で示した経営戦略を実行に移すためのPDCAサイクルを意味する。全体的な構成に関わる先行研究としては倍編著(2009)があり評価でき参考にしたが、以下の改善を図った。Dの実施と運用をより具体的にした。また、継続的改善の重要性、統合マネジメントシステム導入の必要性に鑑みて再構成をしたが、この点は、特にエコステージ3・4・5を参考にして取り入れた。PDCAサイクルを活用することの大きな意味の1つは継続的改善を図れることである。持続可能性を実現するために、方針を作成し、実施し、達成し、見直しかつ維持するための組織の体制、計画活動、責任、慣行、手順、プロセス及び資源を含む、マネジメントシステムの構築による、持続可能なマネジメント・プロセスの展開を検討した。また、持続可能なマネジメント推進のための組織体制とその役割(図6－4)、取り組み課題選定の優先度づけのマッピング(図6－5)等も示し、マネジメント・サイクルのPDCAの各段階での運用等を検討した。

　さらに、持続可能なマネジメントに対する持続可能なモニタリング・システムと持続可能なレポーティング・システムに関し論及し、持続可能なマネジメントシステム、持続可能なモニタリング・システム、持続可能なレポーティング・システムから構成されるものを、持続可能なマネジメント・コントロールと把握した。

　最後に、持続可能なマネジメントの展開を検討した。持続可能なマネジメント展開上の重要な要素として、持続可能性の実現(トリプル・ボトムライン)、サステナビリティ課題の認識と特定、ステイクホルダーへの対応(ステイクホルダー・エンゲージメント)、マネジメント・プロセス(PDCAサイクル)、コーポレー

ト・ガバナンスの5つを抽出し、5つの構成要素のうち、既に論及した、サステナビリティ課題の認識と特定、ステイクホルダー対応(ステイクホルダー・エンゲージメント)、マネジメント・プロセス(PDCAサイクル)以外の、持続可能性の実現、コーポレート・ガバナンスに関し検討を加えた。

　持続可能性の実現にはGRIガイドライン(G3)の指標、サステナビリティ会計の利用等が考えられる。ただ持続可能な企業経営を評価するサステナビリティ指標やサステナビリティ会計の世界統一基準は未だ確立されていないのが現状であり、各社はこうしたガイドラインを参照しつつも自社の実情に合わせ、持続可能な経営を目指しているのが実情である。第6章では、企業が持続可能なマネジメントを展開する上でのPPMに着目し、その理論的フレームワーク(図6-8)を提示することから、企業経営の持続可能性の実現を考察した。図6-8はBCGのPPM分析(図6-7)とRusso, ed.(2008)に着目し、再編成することで持続可能な経営のPPMの理論的フレームワークを提示したもので、これは経済パフォーマンスと環境パフォーマンスに関してのRusso, ed.(2008)の理論的枠組みを、経済パフォーマンスと環境・社会パフォーマンスとの関係に拡張させ提示したものである。企業がサステナビリティ的視点から事業展開・資源配分する上での1つの指針を提供するもので、持続可能なマネジメントを展開する上での、サステナビリティ的視点という「スクリーン」によるPPMといえよう。

　又、企業の持続可能な成長・発展を担保するには、それを実現するための運営システムである持続可能なマネジメントの展開のための仕組みづくりでもある組織体制とコーポレート・ガバナンスのあり方が重要となる。コーポレート・ガバナンスに関しては、トップのリーダーシップ、経営理念の下、企業経営の透明性を企図し、取締役会、監査役会のあり方をはじめとする、マネジメント体制や経営監査・監視機構の整備、コミュニケーションやコンプライアンス体制の確立を踏まえた、ステイクホルダーへの情報公開とアカウンタビリティ等のあり方に関わる企業統治を巡る議論が必要となる。健全で効率的な経営

を目指し、企業不祥事の抑止機能だけでなく企業競争力の強化に寄与するコーポレート・ガバナンスの下での、持続可能なマネジメントの展開が求められるが、この分野の先行研究は管見の限りまだ少ない。例えば飫冨他(2006)、海道・風間編著(2009)等がCSRとコーポレート・ガバナンスに関し、コンプライアンスとの関連、「CSR型ガバナンス」の提唱、SRIとコーポレート・ガバナンスについて論及し興味深いが、持続可能なマネジメントの推進体制との関連は必ずしも明確に示されていない。そこで、コーポレート・ガバナンスの仕組みと持続可能なマネジメントの推進体制として、各社の『サステナビリティレポート2009』等を参考に、図6－9を示した。経営の効率性の向上・健全性の維持・透明性の確保の観点から、適正で効率的な業務執行を担保できるように、意思決定の透明性・迅速性も図りつつ、監視・監査機能を適切に組み込んだ、実効性の高いコーポレート・ガバナンス体制の構築が求められる。一連の日本版SOX法への対応もあり、持続可能性を追求する日本企業にもコーポレート・ガバナンス体制の改善・強化が重要な課題となってきている。

　なお、先の5つの構成要素が、持続可能なマネジメントの効果的かつ効率的展開の上で、ポイントとなるが、その展開を大きく左右するのが、経営トップの強力なリーダーシップとコミットメント、環境教育やCSR教育といった持続可能性に関わる社員教育・訓練を通じた全社員の意識変革等であることはいうまでもない。

2　結　　論
──研究成果──

　ここでは、本書の成果として得られた知見を結論として整理する。

　まず、第1は、環境経営学前史としての既存のマネジメント論が経営環境を如何に把握してきたかを経営学史的に検証した上で、既存研究では不明確であった、環境・CSR・持続可能なマネジメント論の経営学史的解明を行ったことである(第**1**章)。

終章　要約・結論・展望

　既存のマネジメント研究における組織と環境の関係把握では、closed-rational system モデル、closed-natural system モデルでは、社会システム論の部分的展開を除き、組織と環境の関係に関する視座は不明確であった。open-rational system モデル、open-natural system モデルでは、環境分析がなされたが、その主な分析対象は市場・技術・競争環境であり、自然・社会環境は捨象されてきた。組織モデルの展開は、closed モデルから open モデルへと発展し、組織現象の全体的解明には合理的モデルと自然体系モデルの相互補完的把握が必要であることが検証された。又、経営・組織研究の方向性としては、open-rational system モデルの環境適応理論(コンティンジェンシー理論)から open-natural system モデルの環境対応・創造理論(ポスト・コンティンジェンシー理論)の深化・発展を指摘した。ただ、既存の open-rational system モデル、open-natural system モデルとも自然・社会環境を捨象してきたため、その取り込みが必要であり、環境マネジメント・CSR マネジメントといったマネジメントの新潮流を取り込んだ、新たなマネジメント体系が必要となってきたことが明らかとなった。

　さらに、既存研究では不明確であった、環境・CSR・持続可能なマネジメント論の組織モデルにおける位置づけを行い、経営学史的解明を行った(図1－1)。マネジメントシステムに着目した場合は、環境マネジメント論、CSR マネジメント論は open-rational system モデルに属する。但し、open-rational system モデルでは環境→組織→人間という規定関係が想定されているが、環境マネジメント論、CSR マネジメント論では、組織→人間の規定関係は同様だが、環境と組織の規定関係は双方向的なものとなる。つまり、環境マネジメント論、CSR マネジメント論でも構築・運用されるマネジメントシステム(組織)により人間行動は規定されるが、環境と組織に関しては、環境適応の側面のみならず、環境戦略・CSR 戦略の策定・遂行を通じた環境対応・創造の側面を有する。又、環境マネジメント論、CSR マネジメント論の拡大・発展・統合形態としての包括的な持続可能なマネジメント論の場合は、open-rational systemモデル(環境→組織→人間)とopen-natural systemモデル(環境←組織←人間)の統合モデルと解することができる。環境と組織の規定関係は戦略策定・遂行による双方向的で、環境適応・対応・創造の各側面を有する。また組織と人間の規定関係に関しても双方向的であり、マネジメントシステムによる人間行動への規定関係と同時に、open-natural systemモデルで考察した能力ベース理論、知識創造理論等が示唆するような人間レベルからのボトムアップ的働きかけが重要となる。環境経営、CSR経営、ないし持続可能な経営における環境対応・創造の重要性を鑑みると、人間→組織への働きかけの側面も看過できない。

第2は、1990年代以降の環境経営とCSRを巡る研究の展開、環境経営とCSRを巡る国際規格の整備状況、現代企業が直面する諸課題を検証し、現代マネジメントの方向性を明らかにしたことである(第**2**章~第**5**章)。

第**2**章では、まず、1990年代以降の環境経営に関する研究動向を検証した。環境戦略・組織の類型化に関する研究では、環境経営の方向性としては、統合管理システムをベースとしたプロアクティブ対応による環境イノベーター型モデルが窺え、今後は持続可能な経営モデルの解明の必要性を示唆していることを見出した。環境パフォーマンスと経済パフォーマンスの相関関係に関する実証分析では、ポーター仮説に関してはまだ決定的結論は得られていないが、今後は、成果変数の選択・測定方法の更なる検証、いかなる与件・組織要因が環境パフォーマンスや経済パフォーマンスにいかに作用するのかの解明、環境行動プロセスのメカニズムの解明、総合的環境経営活動の評価法の開発等が課題となることを指摘した。環境経営に関するマネジメント論の立場からの体系的研究では、環境ISOの普及・浸透による環境マネジメントの体系化の進展と2000年前後から環境経営学の体系的研究が見られた。今後は、CSR・サステナビリティ研究への拡大・進化、環境経営とCSR経営を統合した理論フレームワークの構築が必要となる。環境経営に関するISO規格に関しては、

ISO14000ファミリーの整備もあり、環境マネジメントのシステム化はほぼ完成しつつある。特に、ISO14001は普及と浸透度合いからも、今後、企業がPDCAサイクルによる持続可能なマネジメントシステムを構築する際のベースとなり得る。環境経営に関する国内規格としては、特にエコステージの環境経営の成熟度別ステージ、高度化・統合管理・CSR対応への示唆に着目した。

　第3章では、CSRを巡る研究動向と規格化に関し検証した。研究展開に関して得られた知見は、既存の研究展開は企業倫理学的研究を中心に展開され、マネジメント・プロセス研究の希薄性が否めないこと、またCSPに関する実証研究ではCSP測定法の開発も進むが、企業業績との相関性には未だ結論が出ていない。ステイクホルダー・マネジメントに関する研究成果としては、ステイクホルダー類型化に関する研究の深化、ステイクホルダー・マネジメントの理論的枠組みの提示、ステイクホルダー・エンゲージメントの重要性への示唆が挙げられる。又、最近の傾向としては、サステナビリティ、トリプル・ボトムラインに関する研究の深化、PDCAサイクルに基づくマネジメント・プロセスによるCSRマネジメント研究の発展が見られるが、従来、マネジメントの内実に迫るような、マネジメント・プロセスという分析視角からの研究が希薄であった。この点にも鑑み、本書では理論フレームワークの構築に際し、マネジメントの適否を左右するマネジメント・プロセスに注目した。また、CSRに関する主要な原則・規格・ガイドラインに関し考察し、特にISO26000は、マネジメントシステム規格ではないが、組織にとってのCSR諸課題（ないしサステナビリティ諸課題）の広範な主要領域を整理し、そのプライオリティの付け方、ステイクホルダーとの対峙の仕方、社会的責任の組織への統合等に関する指針を提示していることを指摘した。

　第4章では、企業を取り巻く新たな状況と現代企業の課題を明確にした。企業を取り巻く新たな状況として、環境とCSRを巡る両面から整理した。環境を巡る新たな状況として、環境問題・環境政策の変遷、環境ガバナンスの重要性、環境ビジネスの発展、グリーン・ニューディール政策を取り上げ、これら

への企業の対応として、環境政策の変遷に応じた戦略対応、企業経営の環境志向、プロアクティブ対応、環境イノベーター、環境戦略、環境マネジメントの重要性を指摘した。また、CSR を巡る新たな状況として、新たな企業評価の動き、SRI の動向、CSR 調達、ソーシャルビジネスと BOP ビジネスを取り上げ、これらへの企業の対応として、SRI のクライテリア(ESG 要因)への対応、CSR 調達への対応、社会貢献活動を通じたビジネスモデルの構築、CSR 戦略、CSR マネジメントの必要性を主張した。そして、経済・環境・社会のトータル概念としての持続可能性への対応が現代企業の課題と捉え、環境経営・CSR 経営を統合した持続可能な経営(経営の意思決定、全業務プロセスにサステナビリティ課題への配慮を組み込む)による持続可能なマネジメントのあり方が今後は問われると結論づけた。

　第5章では、持続可能性に関し論及した上で、GRI ガイドライン、環境報告ガイドラインを検討し、最後に SIGMA ガイドラインの検討を通じて、持続可能性に対応した今後の企業マネジメントのあり方を展望した。特に、SIGMA ガイドラインは、PDCA モデルに相当する「リーダーシップとビジョン」「計画」「実施」「監視、見直し、報告」の4フェーズから構成され、各フェーズで参考となる既存の規格やツール等がリストアップされており、サステナビリティ課題を企業のコアプロセスや意思決定プロセスに組み込むためのマネジメントの仕組みを提示している。本書では、このように SIGMA マネジメント・フレームワークが持続可能なマネジメント・プロセスに関し、体系的かつ詳細なガイドラインとなっている点に着目した。既存の ISO9001、ISO14001 等の MS と比較した特徴としても、企業の透明性の向上のためのステイクホルダーへのアカウンタビリティを重視し、パフォーマンスのモニタリングと公表のための機構をシステム規格に取り込んでいること等が挙げられる。ただし、SIGMA ガイドラインはあくまで戦略レベルのサステナビリティ課題への取り組みの仕組みを明確かつシンプルに示したものであり、オペレーショナルな次元での多様なマネジメントシステムの調整・統合に関する具体的説明不足や実際

の具体的な調整手法といった点には限界もあるが、サステナビリティ統合マネジメントのあり方の一つの方向性を示していることを明確にした。

　第3は、持続可能なマネジメントに関する概念整理、マネジメント・プロセスの各構成要素、マネジメント推進の組織体制とその役割等からなる持続可能なマネジメントの体系的枠組みを提示し、加えてマネジメント展開上の要点を解明したことである（第6章）。

　本書では、これまで別々に論じられてきた環境経営やCSRに関わるマネジメントの新潮流を巡る理論的・実践的成果を体系的に検証し、それらを統合した現代企業の持続可能なマネジメントの新たな体系を提示することを研究課題としたが、第6章では、第5章までの考察を受け、環境経営とCSRの理論的研究成果等の先行研究の意義と限界、諸ガイドライン・規格の比較検討を踏まえ、環境経営とCSRの統合理論としての持続可能なマネジメントの理論的体系を提示した。現代企業の課題に照らし、トータル概念としての持続可能性への対応としての持続可能なマネジメントの理論的枠組みとして、企業の取り組むべき諸課題、持続可能なマネジメントに関する概念を整理し、経営活動全体の中での位置づけ、マネジメント・プロセスの各構成要素、マネジメント推進の組織体制とその役割からなる持続可能なマネジメントの体系的枠組みを提示し、マネジメント展開上の要点として、持続可能な経営のPPMの理論的フレームワークとコーポレート・ガバナンスの仕組みと持続可能なマネジメントの推進体制の概念図を提示した。

3　今後の展望
――残された課題――

　最後に、今後の残された研究課題を整理しておきたい。
　第1は、本書では、理論と実践による環境経営研究とCSR研究の両面から、持続可能なマネジメントに関する体系的理論枠組みの提示を試みたが、その有

効性に関わる問題である。今後、企業の事例分析・実証研究を積み重ねながら地道に検証していく必要がある。

　第2は、持続可能なマネジメントの展開、サステナビリティ戦略の展開に関する更なる解明の必要性である。本書では、持続可能なマネジメントの展開上のポイントして、持続可能性の実現(トリプル・ボトムライン)、サステナビリティ課題の認識と特定(マテリアリティ)、ステイクホルダー対応(ステイクホルダー・エンゲージメント)、マネジメント・プロセス(PDCAサイクル)、コーポレート・ガバナンスを析出したが、それぞれの要素別に企業が実際に持続可能なマネジメントを展開する上での、戦略性を意識した更なる実践的知見を見出していく努力を続ける必要があると思われる。と同時に、学術的な理論的解明も引き続き重要となるであろう。

　第3は、企業の持続可能なマネジメントないしサステナビリティ統合マネジメントの展開が如何に企業競争力の強化に繋がり、利益向上、企業価値向上に寄与でき得るか、に関するメカニズムを実証的に解明する必要がある。トリプル・ボトムラインの経済性と環境性・社会性との相関関係を巡る研究の深化である。

　第4は、分析対象の問題である。本書では、今後、企業の規模にかかわらず持続可能なマネジメントが企業経営の運営上、また戦略展開上、極めて重要となるとの認識に基づき、汎用性の高い理論的枠組みの構築を企図したつもりだが、環境経営やCSRの展開はこれまで主に大企業が中心になされてきたこともあり、どうしても分析対象の比重として大企業を念頭においたものとなっている面も否めない。然るに、今日、中小企業等でも、既述したように環境経営やCSRの展開が企業経営の展開上、重要となってきていることも事実である。従って、今後は、特に中小企業等の実態を踏まえた、企業形態別の分析も欠かせないであろう。

　第5は、持続可能な社会の構築における企業の役割に関する研究である。トータル概念としての持続可能性が論議される中、環境ガバナンスから持続可能

なガバナンスへのガバナンス領域の拡大を視野に入れた、各アクターの役割及び相互連携、政策立案・展開、既存の制度や組織の再検討等、重層的ガバナンスの構造と機能に関わる、持続可能なガバナンスのあり方が問われている。社会を構成する多様なアクターによる積極的関与を通じた持続可能な問題解決のプロセスである、持続可能なガバナンスにおける企業の役割、他のアクターとの連携のあり方等の問題は、今後、解明すべき重要な課題となり得る。

　本書は、持続可能なマネジメントの体系と展開に関する理論的構築を目指すための、ほんのささやかな第1歩に過ぎない。今後は、実際の企業の事例分析等も積み重ね、理論モデルの更なる精緻化を図り、研究の深化・発展に一層精進したい。

引用・参考文献

AccountAbility (2005), *Stakeholder Engagement Standard* (Exposure draft), AccountAbility.
Ackerman, R. and R. A. Bauer (1976), *Corporate Social Responsiveness*, Reston Publishing.
足達英一郎 (2009) 『環境経営入門』日本経済新聞社.
足立辰雄・所伸之編著 (2009) 『サステナビリティと経営学』ミネルヴァ書房.
赤岡功 (1993) 『エレガント・カンパニー』有斐閣.
赤岡功編 (1995) 『現代経営学を学ぶ人のために』世界思想社.
Al-Tuwaijri, S. A., T. E. Christensen and K. E. Hughes Ⅱ (2004), "The Relations among Environmental Disclosure, Environmental Performance, and Economic Performance: a Simultaneous Equation Approach", *Accounting, Organizations and Society*, 29, pp. 447-471.
天野明弘・大江瑞絵・持続可能性研究会編著 (2004) 『持続可能社会構築のフロンティア』関西学院大学出版会.
天野明弘・國部克彦・松村寛一郎・玄場公規編著 (2006) 『環境経営のイノベーション』生産性出版.
Anderson, J. W. Jr. (1989), *Corporate Social Resposibility*, Greenwood Publishing Group (百瀬恵夫監訳 (1994) 『企業の社会的責任』白桃書房).
Ansoff, H. I. (1965), *Corporate Strategy*, McGraw-Hill (広田寿亮訳 (1977) 『企業戦略論』産業能率大学出版部).
Ansoff, H. I. (1979), *Strategic Management*, Macmillan (中村元一訳 (1980) 『戦略経営論』産業能率大学出版部).
Ansoff, H. I. (1988), *The New Corporate Strategy*, Wiley (中村元一・黒田哲彦訳 (1990) 『最新・戦略経営』産能大学出版部).
青木三十一・駒林健一 (2007) 『最新版　入門の入門　経営のしくみ』日本実業出版社.
Aragon-Correa, J. A. and S. Sharma (2003), "A Contingent Resource-Based View of Proactive Corporate Environmental Strategy", *Academy of Management Review*, 28 (1), pp. 71-88.
Argyris, C. (1957), *Personality and Organization*, Harper&Row.

浅野宗克・坂本清編(2009)『環境新時代と循環型社会』学文社。
淡路剛久・川本隆史・植田和弘・長谷川公一編(2006)『持続可能な発展　リーディングス環境　第5巻』有斐閣。
倍和博編著(2009)『CSRマネジメントコントロール』麗澤大学出版会。
Barnard, C. I.(1936), "Mind in Everyday Affairs: An Examination into Logical and Non-Logical Thought Processes", Cyrus Fogg Brackett Lecture before the Engineering Faculty and Students of Princeton University.
Barnard, C. I.(1937), "Notes on Some Obscure Aspects of Human Relations", Prof. Philip Cabot's Business Executive Group at the Harvard Graduate School of Business Administration.
Barnard, C. I.(1938), *The Functions of the Executive*, Harvard University Press(山本安次郎・田杉競・飯野春樹訳(1968)『新訳・経営者の役割』ダイヤモンド社).
Barnard, C. I.(1948), *Organization and Management*, Harvard University Press(関口操監修(1972)『組織と管理』慶応通信).
米花稔(1970)『経営環境論』丸善。
米花稔(1996)『戦後半世紀の企業と環境』白桃書房。
Bowen, H. R.(1953), *Social Responsibilities of Businessman*, Harper&Brothers.
Brummer, J. J.(1991), *Corporate Responsibility and Legitimacy: An Interdiscplinary Analysis*, Greenwood Publishing Group.
Burns, T. and G. M. Stalker(1961), *The Management of Innovation*, Tavistock.
Buysse, K. and A. Verbeke(2003), "Proactive environmental strategies: A stakeholder management perspective", *Strategic Management Journal*, 24, pp. 453-470.
Campbell, D. T.(1969), "Variation and Selective Retention in Socio-Cultural Evolution", *General Systems*, 16, pp. 69-85.
Capra, F. and G. Pauli(1995), *Steering Business Toward Sustainability*, the United Nations Press(赤松学監訳(1996)『ゼロ・エミッション』ダイヤモンド社).
Carroll, A. B.(1979), "A Three-dimensional Conceptual Model of Corporate Performance", *The Academy of Management Review*, 4(4), pp. 497-505.
Carroll, A. B. and A. K. Buchholtz(2003), *Business and Society: Ethics and Stakeholder Management*(5th ed.), South-Western College Publishing.
Chandler, Jr., A. D.(1962), *Strategy and Structure*, MIT Press(三菱経済研究所訳(1967)『経営戦略と組織』実業之日本社).
Child, J.(1972), "Organizational Structure, Environment and Performance: The Role of Strategic Choice", *Sociology*, 6, pp. 2-21.
地代憲弘編(1998)『地球環境と企業行動』成文堂。

Corderio, J. J. and J. Sarkis (1997), "Environmental Proactivism and Firm Performance : Evidence from Security Analyst Earnings Forecasts", *Business Strategy and the Environment*, 6, pp. 104-114.

Crane, A. and D. Matten (2007), *Business Ethics : managing corporate citizenship and sustainability in the age of globalization* (2nd ed.), Oxford University Press.

Crowther, D. and L. Rayman-Bacchus, eds. (2004), *Perspectives on Corporate Social Responsibility*, Ashgate Publishing.

Davis, K. and R. L. Blomstrom (1971), *Business, Society, and Environment*, McGraw-Hill.

Donaldson, T. and T. W. Dunfee (1999), *Ties and Bind : A Social Contracts Approach to Business Ethics*, Harvard Business School Press.

Durant, R. F., Fiokino, D. J. and R. O'leary, eds. (2004), *Environmental Governance Reconsidered : Challenges, Choices, and Opportunities*, MIT Press.

エコステージ協会(2006a)『エコステージ規格　2006年版』。

エコステージ協会(2006b)『評価及び活用の手引き　エコステージ3・4・5　第5版　2006年』。

エコステージ協会(2006c)『エコステージ評価の手引き』。

Elkington, J. (1997), *Cannibals with Forks : The Triple Bottom Line of 21st Century Business*, Capstone Publishing.

Emery, F. E. and E. L. Trist (1960), "Socia-technical Systems", in C. W. Churchman and M. Verhulst, eds., *Management Science : Models and Techniques*, 2, Oxford : Published for the Conference Committee by Pergamon Press.

Emshoff, J. R. (1980), *Managerial Breakthroughs Action Techniques for Strategic Change*, AMACOM BOOKS.

遠藤功(2005)『企業経営入門』日本経済新聞社。

遠藤乾編(2008)『グローバル・ガバナンスの最前線』東信堂。

Epstein, E. M. (1987), "The Corporate Social Policy Process : Beyond Business Ethics, Corporate Social Responsibility, and Corporate Social Responsiveness", *California Management Review*, 29(3), pp. 99-114.

Esty, D. C. and A. S. Winston (2006), *Green to Gold*, Yale University Press (村井章子訳 (2008)『グリーン・トウ・ゴールド』アスペスト).

Evan, W. M. (1967), "The Organization Set", in J. D. Thompson, ed., *Approaches to Organizational Design*, University of Pittsburgh Press, pp. 173-188.

Fayol, H. (1916), *Administration Industrielle et Générale*, Siege de la Societe (佐々木恒男訳(1972)『産業ならびに一般の管理』未來社).

Frederick, W., J. Post and K. Davis (1992), *Business and Society : Corporate Strategy,*

　　　　Public Policy, Ethics(7th ed.), McGraw-Hill.
Freeman, R. E.(1984), *Strategic Management : Stakeholder Approach*, Pitman.
藤井敏彦・海野みずえ編著(2006)『グローバル CSR 調達』日科技連出版社。
降旗武彦・赤岡功編(1978)『企業組織と環境適合』同文舘出版。
Galbraith, J. R.(1972), "Organization Design : An Information Processing View", in J. W. Lorsch and P. R. Lawrence, eds., *Organization Planning : Cases and Concepts*, Irwin-Dorsey.
Galbraith, J. R.(1973), *Designing Complex Organizations*, Addison-Wesley(梅津祐良訳(1980)『横断組織の設計』ダイヤモンド社).
グロービス経営大学院編著(2008)『改訂3版　MBA マネジメント・ブック』ダイヤモンド社。
Goldman, S. L., R. N. Nagal and K. Preiss(1995), *Agile Competitors and Virtual Organizations*, Van Nostrand Reihold(野中郁次郎監訳・紺野登訳(1996)『アジルコンペティション』日本経済新聞社).
Gouldner, A. W.(1959), "Organizational Analysis", in R. K. Merton, ed., *Sociology Today*, Basic Books, pp. 400–428.
GRI(2006), *Sustainable Reporting Guidelines 2006*,(http://www.globalreporting.org/)(GRI 日本フォーラム訳(2006)『サステナビリティ　レポーティング　ガイドライン』).
萩原睦幸監修(1998)『図解　環境 ISO が見る見るわかる』サンマーク出版。
Hall, R. I.(1981), "Decision-Making in a Complex Organization", in G. W. England, A. R. Negandhi and B. Wilpert, eds., *The Functioning of Complex Organization*, OG&H.
Hammer, M. and J. Champy(1993), *Reengineering The Corporation*, Harper Collins(野中郁次郎監訳(1993)『リエンジニアリング革命』日本経済新聞社).
長谷川直哉(2008)「環境金融の意義と機能」(鈴木幸毅・所伸之編著『環境経営学の扉』文眞堂)、pp. 149–170。
原田尚彦(1994)『環境法(補正版)』弘文堂。
Hart, S. L.(1995), "A Natural-Resource-Based View of the Firm", *Academy of Management Review*, 20(4), pp. 986–1014.
Hart, S. L. and G. Ahuja(1996), "Does It Pay to be Green ? An Empirical Examination of the Relations between Emission Reduction and Firm Performance", *Business Strategy and the Environment*, 5(1), pp. 30–37.
Henriques, A. and J. Richardson, eds.(2004), *The Triple Bottom Line*, Earthscan.
Herzberg, F., B. Mausner and B. B. Snyderman(1959), *The Motivation to Work*, John Wiley&Sons.

引用・参考文献

Hickson, D. J., D. S. Pugh and D. C. Pheysey (1969), "Operations Technology and Organization Structure : An Empirical Reappraisal", *Administrative Science Quarter*, 14(3), pp. 378-397.

Hickson, D. J., C. R. Hinings, C. A. Lee, R. E. Schneck and J. M. Pennings (1971), "A Strategic Contingencies Theory of Intraorganizational Power", *Administrative Science Quarterly*, 16(2), pp. 216-229.

平林良人・笹徹(1996)『入門 ISO14000』日科技連出版社。

Hopfenbeck, W.(1992), *The Green Management Revolution*, Prentice-Hall.

堀内行蔵・向井常雄(2006)『実践 環境経営論』東洋経済新報社。

伊吹英子(2005)『CSR 経営戦略』東洋経済新報社。

一條和生(1998)『バリュー経営――知のマネジメント』東洋経済新報社。

飯野春樹(1967)「バーナードの経営理論について」『関西大学研究双書』第23巻。

飯野春樹(1978)『バーナード研究』文眞堂。

飯野春樹編(1979)『バーナード 経営者の役割』有斐閣。

飯野春樹(1992)『バーナード組織論研究』文眞堂。

今田高俊(1994)「自己組織性の射程」『組織科学』第28巻第2号、pp. 24-36。

石井一郎(1999)『環境マネジメント』森北出版。

石井淳蔵・奥村昭博・加護野忠男・野中郁次郎(1996)『新版 経営戦略論』有斐閣。

石倉洋子・藤田昌久・前田昇・金井一頼・山崎朗(2003)『日本の産業クラスター戦略』有斐閣。

ISO(2009.9) ISO／DIS 26000。

神野直彦(2002)『地域再生の経済学』中公新書。

香川文庸・小田滋晃(2008)「農業経営の社会的責任とアカウンタビリティ」『農林業問題研究』第172号、第44巻第3号、pp. 6-20。

加護野忠男(1980)『経営組織の環境適応』白桃書房。

加護野忠男・野中郁次郎・榊原清則・奥村昭博(1983)『日本企業の経営比較――戦略的環境適応の理論』日本経済新聞社。

加護野忠男(1988a)『企業のパラダイム変革』講談社現代新書。

加護野忠男(1988b)『組織認識論』千倉書房。

海道清信(2001)『コンパクトシティ』学芸出版社。

海道ノブチカ・風間信隆編著(2009)『コーポレート・ガバナンスと経営学』ミネルヴァ書房。

亀川雅人・高岡美佳編著(2007)『CSR と企業経営』学文社。

神山進(1976)「経営組織の構造――アストン・グループによる組織分析」『彦根論集』第179号、pp. 49-69、第180号、pp. 59-77。

神山進(1977)「経営組織構造とその状況——アストン・グループによる組織分析」『彦根論集』第182号、pp. 97-122。
金井一頼・角田隆太郎編(2002)『ベンチャー企業経営論』有斐閣。
環境格付プロジェクト(2002)『環境格付の考え方』税務経理協会。
環境監査研究会編(1992)『環境監査入門』日本経済新聞社。
環境経済・政策学会編(2006)『環境経済・政策学の基礎知識』有斐閣。
環境庁編(1996)『平成8年版　環境白書　総説』大蔵省印刷局。
環境庁編(1998)『平成10年版　環境白書　総説』大蔵省印刷局。
環境庁編(1999)『平成11年版　環境白書　総説』大蔵省印刷局。
環境庁編(2000)『平成12年版　環境白書　総説』大蔵省印刷局。
環境省編(2004)『平成16年版　環境白書』ぎょうせい。
環境省(2004)『エコアクション21　2004年版』。
環境省(2005)『環境報告書ガイドライン(2003年度版)とGRIガイドライン(2002)　併用の手引き』。
環境省(2007)『環境報告ガイドライン(2007年版)』(http://www.env.go.jp/)。
環境省(2008)『平成19年度　環境にやさしい企業行動調査結果』。
Kaplan, R. S. and D. P. Norton (1992), "The Balanced Scorecard : Measures That Drive Performance", *Harvard Business Review*, January-February, pp. 71-79.
鹿島啓(2008)「CSRとリスクマネジメント」『工場管理』第54巻第14号、日刊工業新聞社、pp. 14-21。
Kassinis, G. and N. Vafeas (2006), "Stakeholder Pressures and Environmental Performance", *Academy of Management Review*, 49(1), pp. 145-159.
片岡信之・篠崎恒夫・高橋俊夫編著(1998)『新しい時代と経営学』ミネルヴァ書房。
加藤勝康・飯野春樹編著(1986)『バーナード』文眞堂。
桂木健次他編著(2005)『新版　環境と人間の経済学』ミネルヴァ書房。
川端久夫編著(1995)『組織論の現代的主張』中央経済社。
川崎健次・中口毅博・植田和弘編著(2004)『環境マネジメントとまちづくり』学芸出版社。
F. ケアンクロス・山口光恒(1993)『増補改訂版　地球環境時代の企業経営』有斐閣。
経営学史学会編(1995)『経営学の巨人』文眞堂。
経営学史学会編(1997)『アメリカ経営学の潮流』文眞堂。
経営学史学会編(1999)『経営理論の変遷』文眞堂。
経営学史学会編(2002)『経営学史事典』文眞堂。
経営学史学会編(2005)『ガバナンスと政策』文眞堂。
経営学史学会編(2006)『企業モデルの多様化と経営理論』文眞堂。

引用・参考文献

経営学史学会編(2007)『経営学の現在』文眞堂。
経営学史学会編(2008)『現代経営学の新潮流』文眞堂。
経済同友会(2003)『第15回企業白書 「市場の進化」と社会的責任経営』。
Kim, W. C. and R. Mauborgne(2005), *Blue Ocean Strategy*, Harvard Business School Press (有賀裕子訳(2005)『ブルー・オーシャン戦略』ランダムハウス講談社).
金原達夫・金子慎治(2005)『環境経営の分析』白桃書房。
金原達夫・藤井秀道(2009)「日本企業における環境行動の因果的メカニズムに関する分析」『日本経営学会誌』23、pp. 4-13。
King, A. and M. Lenox(2002), "Exploring the Locus of Profitable Pollution Reduction", *Management Science*, 48(2), pp. 289-299.
岸田民樹(1985)『経営組織と環境適応』三嶺書房。
岸田民樹・吉田孟史編著(2006)『経営学原理の新展開』白桃書房。
岸田民樹・田中政光(2009)『経営学説史』有斐閣。
小林俊治(1990)『経営環境論の研究』成文堂。
神戸大学経営学研究室編(1988)『経営学大辞典』中央経済社。
小泉良夫(1975)「バーナードの組織の適応に関する一考察」『経済学研究』第25巻第3号、北海道大学、pp. 159-196。
國部克彦(2005)「サステナビリティ会計の体系」Discussion Paper Series(神戸大学)。
國部克彦・伊坪徳宏・水口剛(2007)『環境経営・会計』有斐閣。
国土交通省近畿地方整備局(2005)『平成16年度近畿圏における持続可能なまちづくりに関する調査業務報告書(概要版)』。
古室正充・白潟敏明・達脇恵子編著(2005)『CSRマネジメント導入のすべて』東洋経済新報社。
紺野登・野中郁次郎(1995)『知力経営』日本経済新聞社。
Koontz, H.(1961), "The Management Theory Jungle", *Academy of Management Journal*, 4(3), pp. 174-188.
Koontz, H. (1980), "The Management Theory Jungle Revisited", *The Academy of Management Review*, 5(2), pp. 175-187.
九里徳泰(2008)「環境経営と環境教育」(鈴木幸毅・所伸之編著『環境経営学の扉』文眞堂)、pp. 113-148。
Laszlo, C.(2003), *The Sustainable Company*, Island Press.
Lawrence, A. T., J. Weber and J. E. Post(2005), *Business and Society*(11th ed.), McGraw-Hill.
Lawrence, P. R. and J. W. Lorsch(1967), *Organization and Environment : Differentiation and Integration*, Harvard University Press(吉田博訳(1977)『組織の条件適応理論』

産業能率大学出版部).
Lesourd, J. P. and S. G. M. Schilizzi (2001), *The Environment in Corporate Management*, EdwardElgar.
Likert, R. (1961), *The Human Organization*, McGraw-Hill (三隅不二不他訳(1968)『組織の行動科学』ダイヤモンド社).
March, J. G. and H. A. Simon (1958), *Organizations*, John Wiley & Sons (土屋守章訳(1977)『オーガニゼーションズ』ダイヤモンド社).
眞崎昭彦(2006)「わが国におけるCSR(企業の社会的責任)の現状と課題――企業業績とCSRの関係を中心に」『高崎経済大学論集』第48巻第4巻、pp. 157-170。
Maslow, A. H. (1954), *Motivation and Personality*, Harper&Row (小口忠彦監訳(1971)『人間性の心理学』産業能率短大出版部).
松野弘・堀越芳昭・合力知工編著(2006)『「企業の社会的責任論」の形成と展開』ミネルヴァ書房。
松下和夫(2002)『環境ガバナンス』岩波書店。
松下和夫編著(2007)『環境ガバナンス論』京都大学学術出版会。
Mayo, E. (1933), *The Human Problems of an Industrial Civilization*, Macmillan (村本栄一訳(1967)『新訳 産業文明における人間問題』日本能率協会).
McGregor, D. (1960), *The Human Side of Enterprise*, McGraw-Hill.
McGuire, J. W. (1963), *Business and Society*, McGraw-Hill.
McWilliams, A. and D. Siegel (2000), "Corporate Social Responsibility and Financial Performannce : Correlation or Misspecifications ?", *Strategic Management Journal*, 21, pp. 603-609.
Merton, R. K. (1957), *Social Theory and Social Structure* (2nd ed.), Free Press (森東吾・森好夫・金沢実・中島竜太郎訳(1961)『社会理論と社会構造』みすず書房).
Miles, R. E. and C. C. Snow (1978), *Organizational Strategy, Structure, and Process*, McGraw-Hill (土屋守章・内野崇・中野工訳(1983)『戦略型経営――戦略選択の実践シナリオ』ダイヤモンド社).
南龍久(1986)『経営管理の基礎理論――組織論的展開』中央経済社。
南龍久(2007)『現代の経営管理』中央経済社。
Mitchell, R. K., B. R. Agle and D. J. Wood (1997), "Toward a Theory of Stakeholder Identification and Salience", *Academy of Management Review*, 22(4), pp. 853-886.
三橋規宏(2007)『環境経済入門(第3版)』日本経済新聞出版社。
宮本憲一(1989)『環境経済学』岩波書店。
水村典弘(2004)『現代企業とステークホルダー』文眞堂。
水尾順一・田中宏司編著(2004)『CSRマネジメント』生産性出版。

水尾順一・清水正道・蟻生俊夫編(2007)『やさしいCSRイニシアチブ』日本規格協会。
水谷雅一(1995)『経営倫理学の実践と課題』白桃書房。
森哲郎(2004)『ISO社会的責任(SR)規格はこうなる』日科技連出版社。
森本三男(1994)『企業社会責任の経営学的研究』白桃書房。
中丸寛信(2002)『地球環境と企業革新』千倉書房。
中村瑞穂(2003)『企業倫理と企業統治』文眞堂。
Newman, P. and J. Kenworthy(1999), *Sustainability and Cities*, Island Press.
日刊工業新聞社編(2009)『ISOマネジメント(特集：CSRの最新動向)』第10巻第2号。
日本経営学会編(1997)『現代経営学の課題』千倉書房。
日本経営学会編(1998)『環境変化と企業経営』千倉書房。
日本経営学会編(2002)『21世紀経営学の課題と展望』千倉書房。
日本経済新聞社編(1995)『ゼミナール　現代企業入門』日本経済新聞社。
日本工業標準調査会審議(1996a)『環境マネジメントシステム――仕様及び利用の手引』(JIS Q 14001：1996(ISO14001：1996))日本規格協会。
日本工業標準調査会審議(1996b)『環境マネジメントシステム――原則、システム及び支援技法の一般指針』(JIS Q 14004：1996(ISO14004：1996))日本規格協会。
日本工業標準調査会審議(2004a)『環境マネジメントシステム――要求事項及び利用の手引』(JIS Q 14001：2004(ISO14001：2004))日本規格協会。
日本工業標準調査会審議(2004b)『環境マネジメントシステム――原則、システム及び支援技法の一般指針』(JIS Q 14004：2004(ISO14004：2004))日本規格協会。
新山陽子(1997)『畜産の企業形態と経営管理』日本経済評論社。
新山陽子(2008)「国内農業の存続と食品企業の社会的責任」『農業と経済』第74巻第8号、pp.50-62。
新山陽子(2009)「食品事業者とステークホルダーの関係はどうつくられるか」『農業と経済』第75巻第11号、pp.45-54。
西門正巳・下崎千代子・岡本英嗣・高橋のり子・本田毅(1996)『新しい企業の経営課題』白桃書房。
西尾チヅル(1999)『エコロジカル・マーケティングの構図』有斐閣。
庭本佳和(1994)「現代の組織理論と自己組織パラダイム」『組織科学』第28巻第2号、pp.37-48。
庭本佳和(1996)「組織統合の視点とオートポイエーシス」『組織科学』第29巻第4号、pp.54-61。
野口聡(1995)『環境管理と企業』化学工業日報社。
野中郁次郎(1974)『組織と市場』千倉書房。
野中郁次郎・加護野忠男・小松陽一・奥村昭博・坂下昭宣(1978)『組織現象の理論と測

定』千倉書房。
野中郁次郎(1985)『企業進化論』日本経済新聞社。
野中郁次郎(1986)「組織秩序の解体と創造――自己組織化パラダイムの提唱」『組織科学』第20巻第1号、pp. 32-44。
野中郁次郎・寺本義也編著(1987)『経営管理』中央経済社。
野中郁次郎(1987a)「経営戦略の本質――情報創造の方法論の組織化」『組織科学』第20巻第4号、pp. 79-90。
野中郁次郎(1987b)「新しい経営学・序説」(日本経済新聞社編『現代経営学ガイド』日本経済新聞社)、pp. 9-24。
野中郁次郎(1990)『知識創造の経営』日本経済新聞社。
野中郁次郎(1994)「リエンジニアリングを超えて」『組織科学』第28巻第1号、pp. 21-31。
Nonaka, I. and H. Takeuchi(1995), *The Knowledge-Creating Company*, Oxford University Press(梅本勝博訳(1996)『知識創造企業』東洋経済新報社)。
野中郁次郎(1996)「知識創造理論の現状と展望」『組織科学』第29巻第4号、pp. 76-85。
野中郁次郎編著(1997)『俊敏な知識創造経営』ダイヤモンド社。
貫隆夫・奥林康司・稲葉元吉編著(2003)『環境問題と経営学』中央経済社。
飫冨順久・辛島睦・小林和子・柴崎和夫・出見世信之・平田光弘(2006)『コーポレート・ガバナンスとCSR』中央経済社。
小椋康宏編(1998)『経営環境論』学文社。
大橋照枝(1994)『環境マーケティング戦略』東洋経済新報社。
岡本享二(2004)『CSR入門』日本経済新聞社。
岡本享二(2008)『進化するCSR』JIPMソリューション。
岡本康雄編著(1996)『改訂増補版 現代経営学辞典』同文舘出版。
奥村昭博(1989)『経営戦略』日本経済新聞社。
奥村悳一(1997)『経営管理論』有斐閣。
折橋靖介(1995)『現代経営学』白桃書房。
Orlitzky, M., F. L. Schmidt and S. L. Rynes (2003), "Corporate Social and Financial Performance : A Meta-Analysis", *Organization Studies*, 24(3), pp. 403-441.
大須賀明(2000)『環境とマーケティング』晃洋書房。
Palmer, K., W. E. Oates and P. R. Portney(1995), "Tightening Environmental Standards : The Benefit-Cost Paradigm ?", *Journal of Economic Perspectives*, 9(4), pp. 119-132.
Penrose, E. T.(1959), *The Theory of the Growth of the Firm*, Basil Blackwell(末松玄六訳(1962)『会社成長の理論 第2版』ダイヤモンド社)。
Perrow, C. (1967), "A Framework for the Comparative Analysis of Organization",

American Sociological Review, 32(2), pp. 194-208.

Peters, T. J. and R. H. Waterman, Jr.(1982), *In Search of Excellence*, Haper & Row(大前研一訳(1983)『エクセレント・カンパニー』講談社).

Polanyi, M.(1966), *The Tacit Dimension*, Routledge & Kegan Paul(佐藤敬三訳(1980)『暗黙知の次元』紀伊國屋書店).

Porter, M. E.(1980), *Competitive Strategy*, The Free Press(土岐坤・中辻萬治・服部照夫訳(1982)『競争の戦略』ダイヤモンド社).

Porter, M. E.(1990), *The Competitive Advantage of Nations*, The Free Press.

Porter, M. E.(1991), "America's Green Strategy", *Scientific American*, 264(4), p. 96.

Porter, M. E. and C. V. D. Linde(1995a), "Toward a New Conception of the Environment-Competitiveness Relationship", *Journal of Economic Perspectives*, 9(4), pp. 97-118.

Porter, M. E. and C. V. D. Linde(1995b), "Green and Competitive : Ending the Stalemate", *Harvard Business Review*, September-October, pp. 121-134.

Porter, M. E. and M. R. Kramer (2006), "Strategy and Society : The Link between Competitive Advantage and Corporate Social Responsibility", *Harvard Business Review*, December, pp. 78-92.

Post, J. E., A. T. Lawrence and J. Weber(2002), *Business and Society : Corporate Strategy, Public Policy, Ethics*(10th ed.), McGraw-Hill.

Prahalad, C. K. and G. Hamel(1990), "The Core Competence of the Corporation", *Harvard Business Review*, 90(3), pp. 79-91.

Prahalad, C. K.(2010), *The Fortune at the Bottom of the Pyramid : Eradicating Poverty Through Profits* (Revised and Updated 5th Anniversary ed.), Wharton School Publishing(スカイライト・コンサルティング訳(2010)『ネクスト・マーケット(増補改訂版)』英治出版).

Preffer, Jr.(1978), *Organizational Design*, AHM Publishing.

Roethlisberger, F. J. and W. J. Dickson (1939), *Management and the Worker*, Harvard University Press.

Rugman, A. M. and A. Verbeke (1998), "Corporate Strategies and Environmental Regulations : An Organizing Framework", *Strategic Management Journal*, 19, pp. 363-375.

Russo, M. V. and P. A. Fouts (1997), "A Resource-Based Perspective on Corporate Environmental Performance and Profitability", *Academy of Management Journal*, 40 (3), pp. 534-559.

Russo, M. V., ed.(2008), *Environmental Management*(2nd ed.), Sage Publications.

坂下昭宣(1992)『経営学への招待』白桃書房。

作田啓一・井上俊編(1986)『命題コレクション　社会学』筑摩書房。
佐々木弘編著(1997)『環境調和型企業経営』文眞堂。
佐々木恒男編著(1999)『現代経営学の基本問題』文眞堂。
Savage, G. T., T. W. Nix, C. J. Whitehead and J. D. Blair (1991), "Strategies for Assessing and Managing Organizational Stakeholder", *Academy of Management Executive*, 5(2), pp. 61-75.
Savitz, A. W. (2006), *The Triple Bottom Line*, John Wiley&Sons (中島早苗訳 (2008)『サステナビリティ』アスペクト).
佐和隆光編著(2000)『21世紀の問題群』新曜社。
Schaltegger, S. and T. Synnestvedt (2002), "The Link between 'Green' and Economic Success: Environmental Management as the Crucial Trigger between Environmental and Economic Performance", *Journal of Environmental Management*, 65(4), pp. 339-346.
Scott, W. R. (2003), *Organizations: Rational, Natural, and Open Systems* (5th ed.), Prentice-Hall.
Selznick, P. (1957), *Leadership in Administration*, Harper & Row (北野利信訳 (1963)『組織とリーダーシップ』ダイヤモンド社).
Senge, P. M. (1990), *The Fifth Discipline: The Age and Practice of the Learning Oraganization*, Century Business (守部信之訳 (1995)『最強組織の法則』徳間書店).
Sheldon, O. (1924), *The Philosophy of Management*, Sir Isaac Pitman and Sons Ltd. (田代義範訳 (1975)『経営管理の哲学』未來社).
嶋口充輝(1984)『戦略的マーケティングの論理』誠文堂新光社。
嶋口充輝・石井淳蔵(1995)『新版　現代マーケティング』有斐閣。
清水克彦(2004)『社会的責任マネジメント』共立出版。
塩次喜代明・高橋伸夫・小林敏男(1999)『経営管理』有斐閣。
SIGMA (2003a), *The SIGMA Guidelines: Putting Sustainable Development into Practice: A Guide for Organisations*, SIGMA (BSIジャパン訳 (2004)『SIGMAガイドライン——組織の持続可能な発展のための実践ガイドライン』BSIジャパン).
SIGMA (2003b), *The SIGMA Guidelines: SIGMA Toolkit*, SIGMA (BSIジャパン訳 (2004)『SIGMAガイドライン——SIGMAツールキット』BSIジャパン).
Simon, H. A. (1947), *Administrative Behavior*, Macmillan (松田武彦・高橋暁・二村敏子訳 (1989)『経営行動』ダイヤモンド社).
組織学会編(1975)『組織科学』(秋季号〈特集〉バーナード)第9巻第3号。
組織学会編(1996)『組織科学』(環境問題の組織論的検討)第30巻第1号。
Stalk, G., P. Evans and L. E. Shulman (1992), "Competing on Capabilities: The New Rules

of Corporate Strategy", *Harvard Business Review* March-April, pp. 57-69.
Steger, U.(1993), *Umweltmanagement*, Frankfurter Allgemeine Zeitung GmbH(飯田雅美訳(1997)『企業の環境戦略』日経 BP 社).
Steger, U. ed.(2004), *The Business of Sustainability*, Palgrave Macmillan.
Steiner, G. A. and J. F. Steiner (2003), *Business, Government, and Society* (10th ed.), McGraw-Hill.
Stern, N.(2007), *The Economics of Climate Change : The Stern Review*, Cambridge University Press.
末原達郎編(1998)『アフリカ経済』世界思想社。
鈴木英寿編(1976)『経営学説』同文舘出版。
鈴木英寿編(1984)『経営学の国際的系譜』成文堂。
鈴木幸毅(1984)『バーナード理論批判』中央経済社。
鈴木幸毅(1994)『増補版 環境問題と企業責任』中央経済社。
鈴木幸毅編著(2000)『循環型社会の企業経営』税務経理協会。
鈴木幸毅(2002)『環境経営学の確立に向けて(改訂版)』税務経理協会。
鈴木幸毅・所伸之編著(2008)『環境経営学の扉』文眞堂。
鈴木幸毅・百田義治編著(2008)『企業社会責任の研究』中央経済社。
鈴木辰治・角野信夫編著(2000)『企業倫理の経営学』ミネルヴァ書房。
Swanson, D. L. (1999), "Toward and Integrative Theory of Business and Society", *Academy of Management Review*, 24(3), pp. 506-521.
高巖・辻義信・S. T. Davis・瀬尾隆史・久保田政一(2003)『企業の社会的責任』日本規格協会。
高巖＋日経 CSR プロジェクト編(2004)『CSR 企業価値をどう高めるか』日本経済新聞社。
高橋正立・石田紀郎編(1993)『環境学を学ぶ人のために』世界思想社。
高橋俊夫編著(1995)『コーポレート・ガバナンス』中央経済社。
高橋由明・鈴木幸毅編著(2005)『環境問題の経営学』ミネルヴァ書房。
高田馨(1989)『経営の倫理と責任』千倉書房。
高岡伸行・谷口勇仁(2003)「ステイクホルダーモデルの脱構築」『日本経営学会誌』第 9 号、pp. 14-25。
高柳暁・飯野春樹編(1991)『新版 経営学(2)——管理論』有斐閣。
高柳暁・高橋信夫編著(1994)『変化の経営学』白桃書房。
武澤信一(1989a)「人間関係論と人間関係管理」(森五郎編『労務管理論 新版』有斐閣)、pp. 173-188。
武澤信一(1989b)「行動科学研究の労務管理への適用」(森五郎編『労務管理論 新版』

有斐閣)、pp. 189-202。
拓殖大学政経学部編(2009)『サステナビリティと本質的CSR』三和書籍。
谷本寛治(2004)「CSRと企業評価」『組織科学』第38巻第2号、pp. 18-28。
谷本寛治編著(2004)『CSR経営』中央経済社。
谷本寛治(2006)『CSR——企業と社会を考える』NTT出版。
谷本寛治編著(2007)『SRIと新しい企業・金融』東洋経済新報社。
Taylor, F. W. (1903), *Shop Management*, ASME (the American Society of Mechanical Engineers)(都築栄訳(1969)『工場管理』産業能率短大出版部)。
Taylor, F. W. (1911), *The Principles of Scientific Management*, Harper & Brothers(上野陽一郎訳(1957)『科学的管理法』産業能率短大出版部)。
寺本義也・原田保編著(2000)『環境経営』同友館。
Thompson, J. D. (1967), *Organization in Action*, McGraw-Hill.
所伸之(2005a)「CSRと企業価値」『サステイナブル マネジメント』第4巻第1、2号合併号、環境経営学会、pp. 21-34。
所伸之(2005b)『進化する環境経営』税務経理協会。
徳永善昭(1995)『戦略経営管理論』白桃書房。
冨増和彦・國部克彦他(2004)「サステナビリティ報告の現状と課題 中間報告書」日本社会関連会計学会2003～2004年度スタディグループ。
豊澄智己(2007)『戦略的環境経営』中央経済社。
土屋守章・二村敏子編(1989)『現代経営学説の系譜』有斐閣。
津田眞澂編著(1993)『人事労務管理』ミネルヴァ書房。
辻井浩一(2004)『最新ISO14001がよくわかる本』秀和システム。
辻村英之(2008)「倫理的調達・フェアトレードとCSR」『農業と経済』第74巻第8号、pp. 29-39。
辻村英之(2009)『おいしいコーヒーの経済論』太田出版。
鶴田佳史(2008)「持続可能経営とステークホルダーとの関係性」(鈴木幸毅・所伸之編著『環境経営学の扉』文眞堂)、pp. 56-74。
植田和弘・落合仁司・北畠佳房・寺西俊一(1991)『環境経済学』有斐閣。
植田和弘(1996)『環境経済学』岩波書店。
植田和弘責任編集(2004)『持続可能な地域社会のデザイン』有斐閣。
上武建造(2000)『新版 経営管理と環境管理』八千代出版。
梅澤正(2000)『企業と社会』ミネルヴァ書房。
海野みづえ(2009)『企業の社会的責任「CSR」の基本がよくわかる本』中経出版。
占部都美編(1979)『組織のコンティンジェンシー理論』白桃書房。
占部都美(1984)『新訂 経営管理論』白桃書房。

浦出陽子(2004)「CSR マネジメントのための SIGMA ガイドライン」『ISO マネジメント』第 5 巻第 8 号、日刊工業新聞社、pp. 1-25。
宇都宮深志・田中充編著(2008)『事例に学ぶ　自治体環境行政の最前線』ぎょうせい。
和田充夫・恩蔵直人・三浦俊彦(1996)『マーケティング戦略』有斐閣。
Waddock, S. A. and S. B. Graves (1997), "The Corporate Social Performance-Financial Performance Link", *Strategic Management Journal*, 18(4), pp. 303-319.
Wagner, M., N. V. Phu, T. Azomahou and W. Wehrmeyer (2002), "The Relationship between the Environmental and Economic Performance of Firms : An Empirical Analysis of the European Paper Industry", *Corparate Social Responsibility and Environmental Management*, 9, pp. 133-146.
Walley, N. and B. Whitehead (1994), "It's not Easy being Green", *Harvard Business Review*, May-June, pp. 46-52.
Weick, K. E. (1969), *The Social Psychology of Organizing*, Addison-Wesley(金児暁訳(1980)『組織化の心理学』誠信書房).
Weick, K. E. (1979), *The Social Psychology of Organizing*(2nd ed.), Addison-Wesley.
Welford, R., ed. (1996), *Corporate Environmental Management : System and Strategies*, Earthscan Publications.
Williamson, O. E., ed. (1990), *Organization Theory : From Chester Barnard to the Present and Beyond*, Oxford University Press(飯野春樹監訳(1997)『現代組織論とバーナード』文眞堂).
Wood, D. J. (1991), "Corporate Social Performance Revisited", *Academy of Management Review*, 16(4), pp. 691-718.
Woodward, J. (1958), *Management and Technology*, HMSO.
Woodward, J. (1965), *Industrial Organization : Theory and Practice*, Oxford University Press(矢島鈞次・中村壽雄訳(1970)『新しい企業組織』日本能率協会).
World Bank (1989), *Sub-Saharan Africa : From Crisis to Sustainable Growth*, World Bank.
Wren, D. A. (1979), *The Evolution of Management Thought*(2nd ed.), John Wiley.
八木俊輔(1996)「組織と環境に関する研究動向とその展望」『経済経営論集』第 16 巻第 2 号、神戸国際大学、pp. 145-180。
八木俊輔(1997)「マーケティング論の発展と戦略経営」『経済経営論集』第 17 巻第 2 号、神戸国際大学、pp. 209-235。
八木俊輔(1999)「バーナード組織・管理論と現代企業」『経済経営論集』第 19 巻第 2 号、神戸国際大学、pp. 93-117。
八木俊輔(2000)「現代企業の環境管理と環境戦略」『経済経営論集』第 20 巻第 2 号、神戸国際大学、pp. 79-104。

八木俊輔(2002)「現代企業の課題と環境経営の構築」(太田修治・中島克己編著『神戸都市学を考える』ミネルヴァ書房)、pp. 146-169。

八木俊輔(2003)「環境経営の展開とベンチャー企業支援——クラスター化と兵庫の企業の再生に向けて」『兵庫県政学』第9号、兵庫県政学会、pp. 102-120。

八木俊輔(2005a)「環境共生型社会経済システムと企業活動——日本経済・地域経済・企業の再生に向けて」『サステイナブル　マネジメント』第4巻第1、2号合併号、環境経営学会、pp. 47-67。

八木俊輔(2005b)「企業の社会的責任と地域戦略」(中島克己・三好和代編著『安全・安心でゆたかなくらしを考える』ミネルヴァ書房)、pp. 152-178。

八木俊輔(2005c)「21世紀の企業経営のあり方——CSR経営と環境経営の構築と展開—」日本経営教育学会第51回全国研究大会報告論文集、pp. 59-62。

八木俊輔(2005d)「持続可能な企業経営のあり方——環境経営とCSRに関する理論とISO規格、SIGMAガイドラインの可能性」『サステイナブル　マネジメント』第5巻第1号、環境経営学会、pp. 79-95。

八木俊輔(2006)「サステナビリティ統合マネジメントシステムと持続可能な企業経営」環境経営学会2006年度全国研究大会報告論文集、pp. 48-52。

八木俊輔(2007a)「環境ビジネスの発展と経営管理の新たな展開」(中島克己・三好和代編著『日本経済の再生を考える』ミネルヴァ書房)、pp. 198-220。

八木俊輔(2007b)「現代企業のあり方と持続可能な地域社会の構築」(21世紀の地域社会と企業の役割を考えるシンポジウム(2007.2開催)基調講演レジュメ)

八木俊輔(2008a)「CSRマネジメントと持続可能な地域コミュニティ——ステイクホルダー・マネジメントの展開」(三好和代・中島克己編著『21世紀の地域コミュニティを考える』ミネルヴァ書房)、pp. 231-258。

八木俊輔(2008b)「持続可能性とマネジメントの新潮流」(鈴木幸毅・所伸之編著『環境経営学の扉』文眞堂)、pp. 26-55。

八木俊輔(2008c)「持続可能なマネジメントの展開とコミュニティ・ガバナンス——重層的環境ガバナンスにおける役割」環境経営学会2008年度全国研究大会報告論文集、pp. 82-87。

八木俊輔(2009)「環境ガバナンスにおける企業と地域社会の役割」『サステイナブル　マネジメント』第9巻第1号、環境経営学会、pp. 49-64。

八木俊輔(2010)「持続可能なマネジメントの体系と展開」環境経営学会2010年度全国研究大会報告論文集、pp. 190-191。

山上達人・向山敦夫・國部克彦編著(2005)『環境会計の新しい展開』白桃書房。

山倉健嗣(1993)『組織間関係』有斐閣。

山本安次郎(1964)『経営学本質論』森山書店。

山本安次郎・加藤勝康編著(1982)『経営学原論』文眞堂。
山本良一(2001)『サステナブル・カンパニー』ダイヤモンド社。
山崎朗編(2002)『クラスター戦略』有斐閣。
矢野友三郎・平林良人(2003)『新・世界標準ISOマネジメント』日科技連出版社。
安田尚道(1998)「自然環境問題と企業倫理の合理性」『日本経営学会誌』第3号、pp. 27-37。
宜川克(2009)『持続可能性と企業経営』同友館。
横浜国大経営研究グループ(1993)『現代経営学への招待』有斐閣。
吉澤正・福島哲郎編著(1996)『企業における環境マネジメント』日科技連出版社。
吉澤正(2005)『ISO14000入門(第2版)』日本経済新聞社。
吉澤正編著(2005)『対訳ISO14001:2004環境マネジメントシステム』日本規格協会。
Young, O. R., ed.(1997), *Global Environmental Governance*, MIT Press.

索引

ア 行

アーサーアンダーセン　180
アサヒビール　115
足尾銅山鉱毒事件　95
味の素　119
アストン・グループ　24
新しい公共　120
アプリケーション・レベル・システム　134
アマルガム　75
アメニティ破壊問題　96
暗黙知　35
委員会設置会社　178
イオン　115
意思決定論的組織論　18
インフォーマル組織　16
失われた10年　100
失われた20年　100
宇宙船地球号　101
衛生要因　17
エコアクション21　63
エコカー　107
エコカー減税　107
エコステージ　61
エコファンド　101, 122
エコポイント　107
エネループランタン　119
エンジニアリング・アプローチ　17
エンド・オブ・パイプ　44
エンプロイアビリティ　75
エンロン　111
オーフス条約　104
オープン・ナチュラル・システム（open-natural system）・モデル　12, 29
オープン・ラショナル・システム（open-rational system）・モデル　12, 21
オゾン層の破壊　96

カ 行

カーネギー学派　22
会計監査人　177
会社法　153
改正省エネルギー法　100
改正廃棄物処理法　99
ガイダンス規格　89
概念の操作化　25
外部監査　55
花王　115
カオス　35
科学的管理論　13
確定拠出型年金（401K）　112
家電リサイクル法　100
金のなる木　174
ガバナンス　101
ガバナンス委員会　177
株主行動　111
株主総会　177
カルパース　112
環境アカウンタビリティ　125
環境アセスメント　100
環境アセスメント法　100
環境委員会　166
環境イノベーター　45
環境会議　166
環境会計　54
環境学派のコンティンジェンシー理論　24
環境革命　101
環境ガバナンス　101
環境監査　60
環境基本計画　100

231

環境基本法　99
環境経営　155
環境決定論　27
環境効率　176
環境コミュニケーション　54, 60
環境情報開示　125
環境推進室　166
環境声明書　59
環境創造　37
環境対応　37
環境適応　37
環境適合設計（DfE）　54, 60
環境淘汰　124
環境の世紀　101
環境パートナーシップ組織　105
環境配慮活動計算書　170
環境配慮促進法　136
環境パフォーマンス　45, 176
　——指標　139
　——評価　51, 60
環境ビジネス　106
『環境報告ガイドライン（2007年度）』　137
環境報告書　135
環境マネジメント　155
　——指標　139
環境マネジメントシステム　55
　——の規格化　49
環境ラベル　51, 60
環境立国　108
監査委員会　178
監査役会　177
監査役設置会社　179
カントリーリスク　120
管理過程論　13
管理的決定　31
官僚制理論　13
機械的システム　24
機械論的工学的アプローチ　16
機関投資家の受託者責任　113
企業価値　181

企業と社会　68
企業の社会的役割　67
気候変動枠組み条約第3回締約国会議　→ COP3
技術学派のコンティンジェンシー理論　23
客観的・理性的な知　35
競争性原理と社会性原理　73
競争優位性　123, 181
協働システム　19
共同実施　97
京都議定書　97
京都メカニズム　97
業務的決定　31
共約可能性　71
共約不可能性　71
協力的ステイクホルダー　79
ギリシャ危機　113
キリンビール　115
近代組織論　11, 18
金融商品取引法　153, 180
クラフトフーズ　118
クリーン開発メカニズム　97
グリーン購入法　99
グリーン・コンシューマー　101, 122
グリーン・サプライチェーン・マネジメント（GSCM）　46
グリーン調達　116
グリーン・ニューディール政策　106
クローズド・ナチュラル・システム（closed-natural system）・モデル　12, 16
クローズド・ラショナル・システム（closed-rational system）・モデル　12, 13
グローバル・アウトソーシング　113
グローバル・サリバン原則　82
経営学理論の事実負荷性　1
経営経済性　73
経営原則論　15
経営公共性　73
経営社会政策過程　69
経営戦略　159

索引

――の内容　31
経営戦略論　30
経営方針（ビジョン）　159
経営理念（ミッション）　159
経験曲線　173
経済的・環境的・社会的パフォーマンス　158
経済パフォーマンス　45, 176
形式知　35
継続的改善　55
建設リサイクル法　99
権力アプローチ　78
コア・コンピタンス　121, 160
コア指標　134
公害対策基本法　96
貢献　18
行動科学　17
効率性原理と人間性原理　73
合理的モデル　12
ゴーイング・コンサーン　29
コー円卓会議の企業行動指針　83
コーポレート・ガバナンス　157
コカコラ　118
国際保証業務基準3000（IASE3000）　140
国連グローバル・コンパクト　83, 152
個人　19
　　――と協働の同時的発展　19
個人主義と全体主義の統合　19
個人属性　28
コペンハーゲン合意　98
コマントリ・フルシャンボー鉱業会社　15
コミュニティ投資　111
混合職場　121
コンティンジェンシー理論　22
コンフリクト解消　28

サ 行

サーベイランス　55
サーベンス・オクスリー法（SOX法）　180
最小有効多様性の原則　25

再生可能エネルギー　107
サイバネティックス　25
財務情報開示（制度的情報開示）　134
財務的アカウンタビリティ　134
財務パフォーマンス　135
財務報告　134
サステナビリティ会議　166
サステナビリティ会計　169
サステナビリティ課題　151
サステナビリティ・コンテクスト　132
サステナビリティ推進委員会　166
サステナビリティ推進室　166
サステナビリティ統合マネジメント　158
サステナビリティ報告　134
サステナビリティレポート　83, 170
砂漠化　96
サブプライムローン問題　106, 113
サプライ・チェーン・マネジメント（SCM）　121
酸性雨　96
三洋電機　119
事業ポートフォリオ　173
事業ライフサイクル　173
資源取引アプローチ　78
資源配分　160
資源有効利用促進法　99
「自己実現人」観　17
自己組織化　34
市場成長率　173
市場と政府の失敗　102
市場の進化　74
システム4　17
資生堂　115
自然体系モデル　12
持続可能性　129
持続可能な開発に関する世界サミット　129
持続可能なガバナンス　210
持続可能な経営　156
持続可能な経営モデル　126, 181
持続可能な発展　129

233

持続可能なマネジメント	158, 181	循環型社会形成推進基本法	99
持続可能なマネジメント・コントロール	170	状況変数	23
持続可能なマネジメントシステム	170	情報冗長性	35
持続可能なマネジメント推進体制と業務執行組織	177	情報・知識創造	29
持続可能なマネジメント展開の5つのポイント	171	情報プロセシング・パラダイム	25
持続可能なマネジメントの重要な構成要素	158	食品リサイクル法	99
持続可能なマネジメント・プロセスの構成要素	162	職務拡大	17
		職務充実	17
持続可能なモニタリング・システム	169	進化論モデル	33
持続可能なレポーティング・システム	170	新古典理論	11
持続的発展アプローチ	44	人的資源アプローチ	16
自発的情報開示	134	スターン・レビュー	95
指標プロトコル(算定基準)	134	ステイクホルダー・エンゲージメント	79
指名委員会	178	ステイクホルダー・ダイアログ	79
シャープ	115	ステイクホルダーの包含性	132
社会起業家	117	ステイクホルダー・フレームワーク	82
社会-技術システム論	22	ステイクホルダー別分配計算書	170
社会経済的コンテクスト	1	ステイクホルダー・マネジメント	78
社会システム論	16	ステイクホルダー・ランドスケープ	79
社会的アカウンタビリティ	135	スマートグリッド	106
社会的課題事項	69	住友化学	119
社会的活動者理論	68	成果変数	23
社会的責任の7原則	86	静態論	27
社会的責任の7つの中核主題	86	制度会計	134
社会的即応性	69	製品・サービス責任活動計算書	170
社会的道義	69	製品責任アプローチ	44
社会的要請論	68	生物種の減少	96
社外取締役	178	生物多様性	154
社会パフォーマンス	176	責任投資原則(PRI)	112
——指標	139	セグメント・マーケティング	35
社会文化的進化モデル	30	絶対的不可逆的損失	101
周縁ステイクホルダー	79	ゼロ・エミッション	99, 154
修正進化論	34	選択淘汰	33
重層的環境ガバナンス論	105	選択と集中	121
主観的・身体的な知	35	戦略的の決定	31
循環型社会形成推進基本計画	136	創造的環境	34
		相対的マーケットシェア	173
		ソーシャル・スクリーン	111
		ソーシャルビジネス	117
		組織	19

索 引

組織過程　28
組織化の理論　30
組織間関係システムモデル　30
組織間関係論　30
組織行動論　29
組織スラック　76
組織セットモデル　30
組織内過程の捨象　27
組織変数　23
組織欲求階層　72
組織論の発展類型　11
ソニー　114, 115
損益計算書との統合計算書　170
損保ジャパン・グリーン・オープン（ぶなの森）　111

タ 行

ダイオキシン対策法　100
タヴィストック研究所　22
多義性除去過程　34
多義性増幅過程　34
タスク環境　1
地球温暖化　96
地球温暖化対策推進法　100
地球サミット　97, 129
知識創造理論　33
チャレンジ25　98, 107
中間システム　101
中範囲理論　23
超規範　69
ディーセント・ワーク（公正な労働条件）　133, 139
定言的命令　72
帝人　115
低炭素社会　154
ティッピング・ポイント　95
低燃費車　108
デミングサイクル　55
デューディリジェンス　87
デル　114

テレオノミー（目的志向性）　35
電子業界行動規範　114
伝統的（古典的）組織論　11
動機づけ要因　17
統合社会契約理論　69
統合的コンティンジェンシー・モデル　26
投資候補銘柄群（ユニバース）　112
東芝　115
ドメイン　160
　——の設定　31
トヨタ　124
取締役会　177
トリプル・ボトムライン　4, 83, 130

ナ 行

内部監査　55
内部統制　180
　——委員会　177
　——システムの構築　180
ナチュラル・ステップ　142
成り行き管理　14
日興エコファンド　111
日清食品　119
日本版SOX法　180
人間関係論　11, 16
ネオ・コンティンジェンシー・セオリスト　27
ネガティブ・スクリーン　111
ネクスト・マーケット　119
熱帯雨林の減少　96
能率　20
能力ベース経営　33

ハ 行

パイオニア・ファンド　111
排出権取引　97
バウンダリー　138
バックキャスティング手法　100
花形事業　174
パナソニック　115

235

パフォーマンス指標　133
パラダイム転換　1
バランスト・スコア・カード　160
パワー及び政治的プロセスに関する研究　30
ピースミール・エンジニアリング　3
非協力的ステイクホルダー　79
ビジネス・プロセス・リエンジニアリング
　（BPR）　121
ピッツバーグ学派　17
ファミリー・フレンドリー　75
フェア・トレード　117
フォードシステム　14
フォーマル組織　16
付加価値計算書　135
複合的価値追求型　123
富士ゼロックス　115
富士通　115
不都合な真実　95
プラグマティズム　15
ブルー・オーシャン　120
　——戦略　119
ブルントラント委員会　4, 129
プロアクティブ　44
プロセス型戦略論　33
分析型戦略論　31
分析マヒ症候群　32
米国型企業統治形態　178
別子煙害事件　95
変異　33
報酬委員会　178
包摂的階層関係　72
ホーソン工場　16
ポーター仮説　45
保持　33
ポジティブ・スクリーン　111
補助金　107
ポスト京都議定書　97
ポスト・コンティンジェンシー理論　25
ポスト・マテリアリズム　101, 122

マ 行

マイクロソフト　118
マイクロファイナンス　117
マクロ環境　1
マクロ社会契約　71
マクロ組織論　23
マテリアリティ　132
マテリアルフローコスト会計　54
マトリクス　173
マネジメント・サイクル　15
　——のA段階　169
　——のC段階　168
　——のD段階　167
　——のP段階　163
マネジメントシステムの統合　56
マネジメントレビュー　55
ミクロ社会契約　71
ミクロ組織論　23
ミシガン学派　17
ミズノ　115
三菱樹脂　115
ミドル・アップダウン・マネジメント　33
メインストリームのSRI化　112
メガ・コンペティション　121
メタ解析　76
メンタルヘルス　153
問題児　174

ヤ 行

誘因　18
有機的システム　24
有効性　20
ユニチャーム　118
ユニリーバ　118
ゆらぎ　35
容器包装リサイクル法　99
欲求階層論　17
4つの組織モデル　12
ヨハネスブルク実施計画　98

索 引

4大公害　96

ラ 行

ライフサイクルアセスメント(LCA)　54, 60
リアクティブ　44
リーマン・ショック　106
リオ＋10　129
リスクヘッジ　157
両義的ステイクホルダー　79
レッド・オーシャン　119
労働・人権配慮活動計算書　170
ローカル・アジェンダ21　105
ロハス　98

ワ 行

ワーク・ライフ・バランス　121
ワールドコム　111

欧 文

AA1000　84
AA1000保証基準(AA1000AS)　140
AccountAbility　142
AS3806　84
AS8003-2003　84
BCSD　50
BOPビジネス　117
BPR → ビジネス・プロセス・リエンジニアリング
BRICs　113
BS7750　49
BS8900　84
BSI　49
CERES　131
COP3　97
COP15　97
COP16　98
COP17　98
COPOLCO　85
CSP　76
CSR　67

CSR会議　166
CSR会計　169
CSR会計ガイドライン　70
CSR型ガバナンス　177
CSR活動計算書　170
CSR元年　73
CSR経営　156
CSR推進委員会　166
CSR推進室　166
CSR調達　113
CSR調達ガイドライン　115
CSR調達評価制度　116
CSRパフォーマンス　169
CSRマネジメント　156
CSRムーブメント　109
ECS2000　84
EMAS　49
ESG要因　109
EU　49
EUグリーン・ペーパー　83
EUホワイト・ペーパー　83
Forum for the Future　142
Green to Gold 原則　45
Green Wave Rider　45
GRIガイドライン　83, 131
GRI指標　134
GSCM → グリーン・サプライチェーン・マネジメント
HP　114
IASE3000 → 国際保証業務基準3000
IBM　114
IPCCの第4次評価報告書　95
ISO　50
ISO規格の可能性と限界　57
ISO14000ファミリー　51, 60
ISO14001　51, 54
ISO14004　51
ISO26000　86
ISO9001　142
KES　63

237

KPI 161	SD21000 84
LCA → ライフサイクルアセスメント	SIGMA ガイドライン 84, 142
LED 照明 108	SIGMA 原則 143
M&A 121	SIGMA サステナビリティ会計ガイド 70
management theory jungle 11	SIGMA サステナビリティ会計ガイドライン 169
NEC 115	
OECD 多国籍企業ガイドライン 82	SIGMA ツールキット 143
OHSAS18000 142	SIGMA マネジメント・フレームワーク 143
ON-V23 84	
PDCA のサイクル 55	──の4つのフェーズ 145
PIIGS 113	SOX 法 → サーベンス・オクスリー法
PIMS 32	SR 85
PPM 32, 173	SRI 74
PPP の原則 96	──のクライテリア 111
PRI → 責任投資原則	──のパフォーマンス 113
PRTR 法 100	Sustainable Question Mark 175
QCD 113	Sustainable Star 174
R-BEC007 169	SWOT 分析 159
ROA 46	TQM アプローチ 44
ROCE 46	TRI 46
ROE 46	Unsustainable Cash Cow 175
ROS 46	Unsustainable Dog 175
SA8000 84	X 理論 17
SBU 173	Y 理論 17

《著者紹介》

八木　俊輔（やぎ・しゅんすけ）

1964年	京都府に生まれる。
1987年	京都大学農学部農林経済学科(現　食料・環境経済学科)卒業。
1989年	京都大学大学院農学研究科農林経済学(現　生物資源経済学)専攻修士課程修了。
1992年	京都大学大学院農学研究科農林経済学(現　生物資源経済学)専攻博士後期課程単位取得。
	京都大学　博士(生物資源経済学)。
	神戸国際大学経済学部専任講師、助教授を経て、2004年4月より教授。
現　在	神戸国際大学経済学部経済経営学科教授。
主　著	『環境経営学の扉』(共著)文眞堂、2008年。
	『21世紀の地域コミュニティを考える』(共著)ミネルヴァ書房、2008年。
	『日本経済の再生を考える』(共著)ミネルヴァ書房、2007年。
	「持続可能な企業経営のあり方」『サステイナブル　マネジメント』第5巻第1号、環境経営学会、2005年(環境経営学会賞受賞)。

MINERVA現代経営学叢書㊷
現代企業と持続可能なマネジメント
――環境経営とCSRの統合理論の構築――

2011年2月20日　初版第1刷発行　　　　　　　　　〈検印廃止〉

定価はカバーに
表示しています

著　者　　八　木　俊　輔
発行者　　杉　田　啓　三
印刷者　　林　　初　彦

発行所　　株式会社　ミネルヴァ書房
607-8494 京都市山科区日ノ岡堤谷町1
電話代表　(075)581-5191番
振替口座　01020-0-8076番

© 八木俊輔, 2011　　　　　　　　　太洋社・新生製本

ISBN978-4-623-05919-5
Printed in Japan

佐久間信夫・水尾順一 編著
コーポレート・ガバナンスと企業倫理の国際比較
Ａ５・316頁
本体3,500円

足立辰雄・所伸之 編著
サステナビリティと経営学
Ａ５・272頁
本体2,800円

海道ノブチカ・風間信隆 編著
コーポレート・ガバナンスと経営学
Ａ５・260頁
本体2,800円

松野弘・堀越芳昭・合力知工 編著
「企業の社会的責任論」の形成と展開
Ａ５・408頁
本体3,500円

高橋由明・鈴木幸毅 編著
環境問題の経営学
Ａ５・298頁
本体3,500円

貞松　茂 著
コーポレート・コントロールとコーポレート・ガバナンス
Ａ５・208頁
本体4,000円

【環境ガバナンス叢書(全8巻)】

植田和弘 編著
①持続可能な発展と環境ガバナンス
続　刊

森　晶寿 編著
②東アジアの経済発展と環境政策
Ａ５・274頁
本体3,800円

室田　武 編著
③グローバル時代のローカル・コモンズ
Ａ５・300頁
本体3,800円

高田光雄 編著
④持続可能な都市・地域デザイン
続　刊

浅野耕太 編著
⑤自然資本の保全と評価
Ａ５・288頁
本体3,800円

新澤秀則 編著
⑥温暖化防止のガバナンス
Ａ５・272頁
本体3,800円

諸富　徹 編著
⑦環境政策のポリシー・ミックス
Ａ５・314頁
本体3,800円

足立幸男 編著
⑧持続可能な未来のための民主主義
Ａ５・264頁
本体3,800円

―――― ミネルヴァ書房 ――――

http://www.minervashobo.co.jp/